コンピュータシステム

工学博士 志村 正道 著

コロナ社

まえがき

　情報工学科や情報科学科など情報関連の学科が日本の大学に誕生してすでに30有余年になる。さらに情報に関する科目は高等学校でも正課となり，教員免許の対象となり，多くの大学ではこれに対する教職課程を設置申請してきた。コンピュータシステムはもちろん指定された科目の一つであることはいうまでもないが，従来コンピュータシステムは理工系の科目とみなされてきた。一方，文科系のコンピュータ関連の科目の多くは，いわゆるコンピュータリテラシーを指していることが多いようである。この意味で著者には不満があった。理工系や文系とは便宜上の言葉であって，コンピュータや情報はもっと広い分野の言葉であり，理工系とか文系とかの言葉を使うのであれば，理工系から文系にまでまたがった分野であるべきだと考えている。

　コンピュータシステムに関連する教科書や参考書はきわめて多数出版されているが，その内容はハードウェア中心かあるいは使い方を中心としたものが圧倒的に多く，慣れ親しむことを重視したのか中には幼稚とも思われるような内容のものもないとはいえない。

　コンピュータは1940年代後半に現れたENIACやEDSACを出発点として急速な発展を遂げ，1980年代にはいわゆるパーソナルコンピュータとして普及が進み，現在では各家庭にまでいろいろな形で入り込んできた。インターネットの発展やユビキタスシステムへの期待と相まって，あらためてコンピュータの働きを考えていかなければならない時代になったといえよう。

　このような環境において理工系や文系の枠を超え，コンピュータの基本を学び，知識を身につけることによって，コンピュータは決して専門家にしか理解

できない訳のわからないものではなく，だれにでも興味の抱ける存在になってほしいという思いでいる。

　もちろん本書の内容は目次を見ればわかるように，コンピュータの働きを学ぶための基本的な事項について，ハードウェアからソフトウェアまでコンピュータに関連している事項については広く取り上げたつもりである。本書は10章から構成されているので，2単位1学期ですべてを講義するには各章を90分で説明しなければならず，実際にはなかなか難しい。したがって，学生の興味あるいはレベルに応じて必要な章を選ぶとか，あるいは基礎的なところだけを説明するとかして講義を進めてほしい。優秀な学生には自学でいろいろ専門書などに取り組んでもらいたいが，本書でも演習問題を付しておいた。また，将来，基本情報技術者試験や初級システムアドミニストレータ試験などの経済産業省が認定している情報処理技術者試験を受験することも考えて，演習問題にはその対策として類似の問題をいくつか取り入れておいた。

　本書が，コンピュータの仕組みや働きについて学習を目指す読者に少しでもお役に立てば幸いである。

2005年10月

著　者

ソフト名，ハード名，OS名，CPU名は，各メーカの商標または登録商標である。

目　　　次

1. コンピュータの概要

1.1 コンピュータの歴史 ………………………………………………… *1*
 1.1.1 第0世代コンピュータ ………………………………… *2*
 1.1.2 第1世代コンピュータ ………………………………… *4*
 1.1.3 第2世代コンピュータ ………………………………… *6*
 1.1.4 第3世代コンピュータ ………………………………… *6*
 1.1.5 第3.5世代コンピュータ ……………………………… *7*
 1.1.6 第4世代コンピュータ ………………………………… *7*
1.2 ソフトウェアの歴史 ………………………………………………… *8*
1.3 コンピュータの仕事 ………………………………………………… *9*
1.4 コンピュータの種類 ………………………………………………… *10*
1.5 コンピュータの構成 ………………………………………………… *15*
1.6 コンピュータの性能 ………………………………………………… *16*
1.7 標準化機関 …………………………………………………………… *18*
演習問題 …………………………………………………………………… *18*

2. 情報とデータ

2.1 情　　　報 …………………………………………………………… *20*
2.2 文字コード …………………………………………………………… *22*
2.3 文字数と記憶装置 …………………………………………………… *29*
2.4 文字の種類 …………………………………………………………… *30*
2.5 誤り検出コード ……………………………………………………… *32*
 2.5.1 パリティチェック ……………………………………… *32*

  2.5.2　ハミングコードチェック……………………………………… 33
  2.5.3　CRC 方 式……………………………………………………… 33
2.6　JAN コードと QR コード……………………………………………… 33
  2.6.1　書籍 JAN コード………………………………………………… 34
  2.6.2　QR コ ー ド……………………………………………………… 35
2.7　画 像 情 報……………………………………………………………… 35
演 習 問 題……………………………………………………………………… 37

3. コンピュータの仕組み

3.1　コンピュータの構成……………………………………………………… 39
3.2　コンピュータの動作……………………………………………………… 42
3.3　チップセット……………………………………………………………… 44
3.4　高信頼性技術……………………………………………………………… 45
  3.4.1　システムの信頼性……………………………………………… 45
  3.4.2　信頼性の機能と仕組み………………………………………… 46
  3.4.3　システム評価…………………………………………………… 47
3.5　CISC と RISC…………………………………………………………… 47
  3.5.1　CISC……………………………………………………………… 47
  3.5.2　RISC……………………………………………………………… 48
3.6　インタフェース…………………………………………………………… 49
  3.6.1　入出力装置インタフェース…………………………………… 49
  3.6.2　コネクタ図記号………………………………………………… 50
  3.6.3　ユーザインタフェース………………………………………… 50
3.7　ディスプレイの種類……………………………………………………… 52
演 習 問 題……………………………………………………………………… 53

4. 記 号 と 演 算

4.1　2 進数と 16 進数………………………………………………………… 55
4.2　2 進化 10 進符号………………………………………………………… 57

4.3 ビットと数 …………………………………………………… 58
4.4 進数変換 ……………………………………………………… 59
4.5 負数と補数 …………………………………………………… 62
4.6 四則演算 ……………………………………………………… 64
　4.6.1 加　　　算 ……………………………………………… 64
　4.6.2 減　　　算 ……………………………………………… 65
　4.6.3 乗　　　算 ……………………………………………… 67
　4.6.4 除　　　算 ……………………………………………… 67
4.7 誤　　差 ……………………………………………………… 68
演習問題 ………………………………………………………… 69

5. 論 理 回 路

5.1 トランジスタ ………………………………………………… 70
5.2 基本的な論理回路 …………………………………………… 73
5.3 論 理 関 数 …………………………………………………… 75
5.4 加　算　器 …………………………………………………… 76
5.5 組合せ回路 …………………………………………………… 78
　5.5.1 デ コ ー ダ ……………………………………………… 79
　5.5.2 マルチプレクサ ………………………………………… 80
　5.5.3 デマルチプレクサ ……………………………………… 81
5.6 順 序 回 路 …………………………………………………… 81
　5.6.1 フリップフロップ ……………………………………… 81
　5.6.2 JKフリップフロップ …………………………………… 85
　5.6.3 DフリップフロップとTフリップフロップ ………… 86
5.7 カ ウ ン タ …………………………………………………… 86
5.8 シフトレジスタ ……………………………………………… 88
演習問題 ………………………………………………………… 90

6. 中央処理装置

- 6.1 中央処理装置の発展 …………………………………………… 92
- 6.2 中央処理装置の構成 …………………………………………… 94
  - 6.2.1 演算部 ………………………………………………… 94
  - 6.2.2 制御部 ………………………………………………… 95
- 6.3 命令の形式と種類 ……………………………………………… 96
- 6.4 中央処理装置の動作 …………………………………………… 96
- 6.5 中央処理装置の高速化 ………………………………………… 98
  - 6.5.1 キャッシュメモリ …………………………………… 98
  - 6.5.2 パイプライン ………………………………………… 99
- 6.6 バス …………………………………………………………… 101
- 演習問題 ………………………………………………………… 102

7. 記憶装置

- 7.1 記憶装置の種類 ……………………………………………… 104
- 7.2 半導体メモリ ………………………………………………… 105
  - 7.2.1 ROM …………………………………………………… 105
  - 7.2.2 RAM …………………………………………………… 106
  - 7.2.3 半導体メモリの構造 ………………………………… 107
- 7.3 半導体外部補助記憶装置 …………………………………… 109
- 7.4 外部記憶装置 ………………………………………………… 110
  - 7.4.1 ハードディスク ……………………………………… 111
  - 7.4.2 フロッピーディスク ………………………………… 112
  - 7.4.3 CD ……………………………………………………… 114
  - 7.4.4 DVD …………………………………………………… 116
  - 7.4.5 光磁気ディスク ……………………………………… 117
- 7.5 CPUとハードディスク ……………………………………… 117
  - 7.5.1 ディスクキャッシュ ………………………………… 117

	7.5.2	RAID ·····························	118
	7.5.3	高速化と効率化 ···················	118

演習問題 ································· 119

8. プログラミングと言語

8.1 プログラミング言語 ······················· 121
8.2 機 械 語 ······························· 122
8.3 アセンブリ言語 ··························· 122
   8.3.1 ニ モ ニ ッ ク ······················· 122
   8.3.2 Z 80 ······························· 123
   8.3.3 x 86 ······························· 125
8.4 アドレス指定 ····························· 126
8.5 CASL ···································· 129
   8.5.1 COMET II の構成 ··················· 129
   8.5.2 アセンブリ言語——CASL II ········· 130
   8.5.3 CASL II のプログラム ············· 132
8.6 高水準言語の型 ··························· 135
8.7 高水準言語のいろいろ ····················· 136
8.8 第 4 世代言語 ····························· 139

演習問題 ································· 139

9. オペレーティングシステム

9.1 オペレーティングシステムの歴史 ··········· 143
9.2 オペレーティングシステムの位置 ··········· 147
9.3 オペレーティングシステムの役割 ··········· 148
9.4 システム制御 ····························· 150
9.5 実 行 管 理 ······························· 150
   9.5.1 ジョブ管理 ······················· 151
   9.5.2 タスク管理 ······················· 151

viii　目　次

9.5.3　割込み制御 ·· 152
9.5.4　メモリ管理 ·· 153
9.6　ファイル管理 ·· 156
9.6.1　ディレクトリ管理 ·· 156
9.6.2　ファイル操作 ·· 158
9.6.3　ファイルシステム ·· 158
9.7　入出力制御 ·· 159
9.7.1　入出力命令 ·· 159
9.7.2　外部入出力制御 ·· 160
9.7.3　通信制御 ·· 160
9.8　コンパイラとインタプリタ ·· 160
9.8.1　コンパイラ ·· 160
9.8.2　インタプリタ ·· 161
演習問題 ·· 162

10.　コンピュータネットワーク

10.1　ネットワークの歴史 ·· 164
10.2　通信回線 ·· 166
10.2.1　伝送路 ·· 166
10.2.2　伝送方法 ·· 166
10.3　LAN ·· 167
10.3.1　LANのシステム ·· 167
10.3.2　結合方式 ·· 168
10.3.3　伝送制御 ·· 169
10.3.4　ディジタル通信と回線 ·· 170
10.4　インターネット ·· 171
10.5　イントラネット ·· 172
10.6　ウェブサイトとウェブブラウザ ·· 173
10.7　IPアドレスとドメイン名 ·· 176
10.8　URLと通信プロトコル ·· 178

10.9 OSI 参照モデル ……………………………………… *181*
10.10 電 子 メ ー ル ……………………………………… *182*
　10.10.1 メールの仕組み ……………………………… *182*
　10.10.2 メ ー ラ ……………………………………… *184*
10.11 マルウェアとネットワークセキュリティ ……………… *184*
　10.11.1 ス パ ム ……………………………………… *185*
　10.11.2 スパイウェアとアドウェア ……………………… *185*
　10.11.3 ウイルスとワーム ……………………………… *185*
　10.11.4 ファイアウォール ……………………………… *187*
10.12 インターネットに関する諸団体 ……………………… *187*
演 習 問 題 ………………………………………………… *188*

演習問題の解答 …………………………………………… *190*

索　　引 …………………………………………………… *197*

1 コンピュータの概要

　コンピュータは，産業界のみならず私達の日常生活のあらゆる場に入り込んで使われている。電気洗濯機や電話機の中にまでコンピュータは取り込まれている。最近ではユビキタスコンピューティングという言葉をしばしば耳にするようになってきたが，私達の生活には切っても切れないほど密接な関係となって，身近に存在するようになってきた。このようにコンピュータはまだまだ進化しているのである。

　本章では，このようなコンピュータの歴史，コンピュータの仕事，コンピュータの役割などについて基本的な事柄を説明していくことにしよう。

1.1　コンピュータの歴史

　地球から宇宙に飛び出していくという昔からの人類の夢が実現されたように，人間の頭脳に代わるコンピュータの出現も夢ではなくなりつつある。コンピュータが生まれたのは，まだほんの半世紀ほど前のことなのである。ところが現在では，インターネットに結ばれたコミュニケーション機器としてのいわゆるパーソナルコンピュータ（パソコン）や，1秒間に100兆個の命令を実行するスーパコンピュータなどが利用されており，コンピュータは驚くほどの発展を遂げてきた。

　コンピュータは，もともと複雑な計算を高速で実現する目的で開発された。最初の電子式コンピュータは，1946年にペンシルベニア大学の**モークリー**（J. W. Mauchly），**エッカート**（J. P. Eckert）ら10人によって開発されたENIAC

である。ENIACは実際に弾道計算を目的にしてその設計が計画された。このENIACは，プラグとソケットを用いた配線によって計算の手順を与えるものであった[†]。プログラム内蔵式の計算機は，1949年にケンブリッジ大学で開発されたEDSACや1950年ペンシルベニア大学で開発されたEDVACであった。また，ENIAC以前にも機械式の計算機ともいわれるような装置がいろいろと生まれている。これらを年代順に並べてみると以下のようになる。

1.1.1 第0世代コンピュータ

原始的な計算手法に基づく道具や歯車，リレーを用いた機械式コンピュータが出現するまでの世代をいう。

アバカス　砂の上に小石を並べて計算する「砂そろばん」であり，紀元前にメソポタミアで用いられた。そろばんの起源といわれている。

そろばん　室町時代に中国から伝わった最も単純な計算用具で，現在でも用いられている。

パスカル計算機　フランスの哲学者で数学者の**パスカル**（B. Pascal）により発見された加算機械の原理に基づいて作られたもので，**パスカリーヌ**（Pascaline）と呼ばれる。これは歯車式で8桁までの加減算が可能で，現存する最古の計算機である。

ライプニッツの乗算器　ドイツの哲学者で数学者の**ライプニッツ**（G. W. Leibniz）がパスカルの計算機を発展させ，1673年に乗除算を可能にしたものである。

差分エンジン（Differential Engine）　イギリスの数学者**バベッジ**（C. Babbage）によって1822年に設計された計算機で，記憶させた計算手順に従って，自動的に計算するというプログラム内蔵式に近い機構をもっていた。1833年には**解析エンジン**（Analytical Engine）が発表されたが，実際には完成されなかったといわれる。なお，ロンドン科学博物館で1991年にこの差分

[†] **シャンクス**（W. Shanks）はπの値を707桁まで求めたが，コンピュータのENIACは2035桁まで計算して，528桁目に誤りがあるのを見出した。

エンジンは復元され，展示されている．

バローズ計算機　1886年に作られた，プッシュボタン式入力の計算機である．

パンチカードシステム　1887年にMIT（マサチューセッツ工科大学）の**ホレリス**（H. Hollerith）によって機械的に読み取るパンチカード計算機が作成された．この機械は計算はできないが，集計などのデータ処理には，効率的で，1890年のアメリカの国勢調査に用いられた．

タイガー計算器　1923年に日本で開発された歯車による手回し式計算機である．

ABCマシン（Atanasoff-Berry Computer）　アイオワ州立大学の**アタナソフ**（J. V. Atanasoff）教授と大学院生の**ベリー**（Berry）によって1942年に製作された，最初の電子式自動計算機といわれている．この計算機は29元の連立方程式を解く専用機で，電子式スイッチング回路，論理的加減算回路，2進法の採用，処理機能と記憶機能の分離，ダイナミックメモリ，ベクトルプロセッサ，システム全体のクロック制御などの機能をもっていて，真空管300本とドラム型電気式記憶装置によって実現されていた．

Mark I　ハーバード大学の**エイケン**（H. H. Aiken）によって1944年に開発された電気機械式計算機である．この計算機は3000個以上のリレーと歯車を使用し，入力は紙テープからで，23桁の10進数乗算を数秒で行う能力があった．実際に製作したのはIBM（アイ・ビー・エム）社で，ハーバード大学に寄付された．

このように，おもに1930年代には歯車などを用いて機械的な操作によって計算する機械式計算機が主であった．また電圧や電流などのアナログ量を用いて計算するアナログ計算機も開発され，実際に使用された．ところが機械式計算機は動作速度が遅く，またアナログ計算機は精度が高くなく問題分野も限られていたために，電子式の高速で精度の高いディジタル計算機が望まれていた．

1936年イギリスの**チューリング**（A. Turing）は論文「計算可能な数とその決定問題への応用」を発表し，その中で，万能チューリング機械による計算機

の可能性を示唆した。1940年代に入ると世界大戦が起こり，種々の機器の性能向上が要求されるようになり，大戦後になって歴史的な計算機の出現となるのである。ソフトウェアをメモリに格納し，順次プログラムを読み出して命令実行する逐次制御方式であるプログラム内蔵式のディジタルコンピュータの原型が提案されたのである。数学，理論物理学，数理経済学および計算機科学において顕著な業績があった，ハンガリー生まれのアメリカ人数学者の**フォン・ノイマン**（J. von Neumann）によってであり，このコンピュータをノイマン式コンピュータという。

以下に第1世代といわれる現在につながるコンピュータを見てみよう。

1.1.2 第1世代コンピュータ

現在に通じるコンピュータの原型となる，真空管を用いたコンピュータの世代である。

ENIAC（Electronic Numerical Integrator And Caluculator）　ペンシルベニア大学のモークリー，エッカートら10人によって1946年に開発された全電子式高速自動計算機である。

ENIACは弾道計算の目的で開発されたが，真空管18 800本，リレー1 500個，スイッチ6 000個を使用し，消費電力は140 kW，重さ30 t（トン）の非常に大きなものであった。クロック周波数は100 kHz，10進法10桁の加減算を200 μs（マイクロ秒），乗算を3 ms（ミリ秒），除算を6 msで実行する性能をもっていた。しかし手動のスイッチと配線コードによって演算命令とその手順を設定するもので，プログラム内蔵式ではなく，計算手順を設定するのは非常に大変なことであった。

EDSAC（Electronic Delay Storage Automatic Calculator）　1949年にイギリスの**ウィルクス**（M. V. Wilkes）によってケンブリッジ大学で開発された世界最初のプログラム内蔵式のコンピュータである。2進法を採用し，現在のコンピュータの源流といわれる。

EDVAC（Electronic Discrete Variable Automatic Computer）　1950年

にペンシルベニア大学ムーアスクールで開発され，約 4 000 本の真空管と 10 000 本のダイオードを用いたプログラム内蔵式のコンピュータである。

UNIVAC-I（Universal Automatic Computer I）　1951 年にエッカートとモークリーのスペリーランド社（現ユニシス社）によって製作されたコンピュータである。ENIAC を元にして製作された世界最初の商用コンピュータで，国勢調査などに使われた。

FUJIC　1956 年に富士写真フイルムの岡崎文次によって開発された日本最初のコンピュータである。真空管と水銀遅延線による記憶装置をもち，レンズ設計用に開発された。国立科学博物館に展示されている。

コーヒーブレイク

真空管とコンピュータ

初期のコンピュータには真空管が用いられた。真空管は真空にしたガラス管の中に陽極と陰極を設け，陰極を加熱することによる熱電子を利用する素子である。このため真空管の寿命は長くなく，信頼して使用できる時間は数千時間ぐらいであった。したがって，寿命 2 000 時間の真空管を 10 000 本用いたとすれば，確率的には 12 分間に 1 本故障することになるわけで，本格的なコンピュータが出現するのはトランジスタの利用が始まってからであった。

真空管，トランジスタと IC の写真を図 **1.1** に示す。

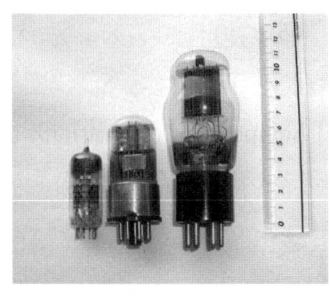
(a) 真 空 管

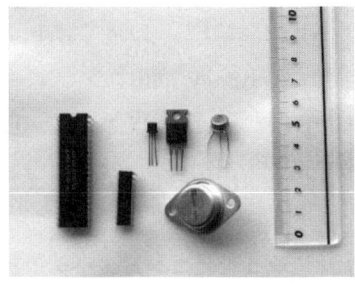
(b) トランジスタと IC（左の 2 個）

図 **1**　真空管，トランジスタと IC

ETL-Mark-I　1953年通産省（現経済産業省）工業技術院の電気試験所（現産業技術総合研究所）で開発されたリレー式計算機である。

MUSASHINO 1　1957年に電気通信研究所で開発されたコンピュータで，わが国で発明されたパラメトロン[†]が主要な素子として使用された。

1.1.3　第2世代コンピュータ

トランジスタが発明され，信頼性の低い真空管から安定性も高いトランジスタが使用されるようになった，トランジスタ式コンピュータの世代である。

1960年代に入るとIBMをはじめとする多くの企業がコンピュータを製造し，コンピュータ産業が活発になってくる。また多くの分野でコンピュータが採用され，計算のみではなく，事務処理用など種々の仕事に用いられるようになった。その理由の一つは，コンピュータに半導体素子が採用され，真空管を用いた第1世代のコンピュータよりはるかに安定性，信頼性に優れた製品が実現されたことである。

第2世代のコンピュータでは，まだ主記憶装置には磁気コアが，補助記憶装置には磁気ドラムや磁気ディスクが用いられていた。磁気コアは直径0.5 mmのリング状のフェライトコアで1ビット（bit；b）の記憶ができた。

IBM 7070/7090　1958年にトランジスタを使用した汎用のコンピュータである。

NEC NEAC 2201　1958年にトランジスタを使用し，日本電気（NEC）で開発された日本初の商用コンピュータである。

DEC PDP-1　1959年にDEC（Digital Equipment Corporation）社で開発された18ビットの最初のミニコンピュータである。

1.1.4　第3世代コンピュータ

1958年にはテキサスインスツルメント社の**キルビー**（J. S. C. Kilby）とフェ

[†] 1954年当時，東京大学理学部の大学院生であった後藤英一によって発明された素子で，磁気コアにおけるパラメトリック振動の二つの位相を利用した演算素子である。

アチャイルド社の**ノイス**（R. N. Noyce）によって**集積回路**（integrated circuit；**IC**）が発明された。1971年には一つのコンピュータを1枚のシリコンチップ上に実現した Intel 4004 が製作された。1972年にインテル社は8ビットのマイクロコンピュータ 8008 を，1973年には 8080 を引き続いて開発した。1976年にはインテルを出た技術者達がザイログ社を設立しZ80 を開発した。その結果，5 V の単一電源で動作する Z80-CPU を用いたパソコンが普及した。

第3世代はIC が開発され，コンピュータに使用されるようになってきた IC 式コンピュータの世代である。この世代の代表的な機種には 1964年の IBM 360 シリーズ，UNIVAC 494 シリーズなどがある。

1.1.5 第3.5世代コンピュータ

IC から **LSI**（large scale integration）に移った 1970年代の世代を，LSI 式コンピュータの世代として第4世代の一つ前に置くのが一般である。すなわち，LSI の開発により**中央処理装置**（central processing unit；**CPU**）を1個のチップに入れることができるようになり，マイクロコンピュータが開発された。代表的な機種には IBM 370 シリーズや日本電気の ACOS シリーズがある。

1.1.6 第4世代コンピュータ

1980年代に入ると **VLSI**（very large scale integration）や **ULSI**（ultra large scale integration）が開発された。この世代は現在につながるもので，ヒューマンインタフェースが発達し，VLSI 式コンピュータの世代である。

以下おもだったコンピュータとその開発された時期を示しておく。

CRAY-1[†]　　1976年にクレイ社で開発された 64 ビットの最初のスーパコ

[†] クレイ社を創業したシーモア・クレイは，ベクトル計算専用のスーパコンピュータ CRAY-1 を開発した。このコンピュータは配線長を短くするためにカードを円筒状に並べ，その回りに電源部を入れたベンチが配置されていた。このため「世界でいちばん高価なベンチ」と呼ばれた。

ンピュータである。

Apple I　1976年にAPPLE（アップル）社で開発された最初のパソコンである。

IBM PC　1981年にIBM社で開発されたMS-DOS使用のパソコンである。

Sun 3　1986年にSun Microsystems（サン・マイクロシステムズ）社で開発されたUNIXをオペレーティングシステムとしたワークステーションである。

1.2　ソフトウェアの歴史

　コンピュータのハードウェアは0，1の2進符号によって動作するが，コンピュータに仕事をさせるにはハードウェアに命令を出して，その手順通りに動作させなければならない。この手順を記述したのがプログラムあるいはソフトウェアである。この意味でソフトウェアはコンピュータに知能を与えるものとしてきわめて重要な役割をしている。

　初期のコンピュータでは記憶装置の容量が小さかったために，コンピュータが理解しやすい0，1で記述される機械語でプログラムを書いていた。そのうち機械語に対応している人間にもわかりやすい，ニモニックコードで記述されるアセンブリ言語が開発された。コンピュータが進歩し普及されてくると，人間の言語に近く理解しやすいプログラミング言語がいろいろ開発されてきた。このようにコンピュータはハードウェアとソフトウェアがともに重要であり，ソフトウェアの進歩につれてコンピュータ自体が高度な仕事を可能にしてきた。

　ソフトウェアは大きくシステムソフトウェアと応用ソフトウェアに分けられる。特に，システムソフトウェアである**オペレーティングシステム**（**OS**）と呼ばれるコンピュータの基本的なソフトウェアは重要で，コンピュータの使い方とともに進化してきた。これについてはより詳しく9章で学ぶことにする。

1.3 コンピュータの仕事

　コンピュータはもともと計算を高速に行うことを目的に開発された。したがって初期のコンピュータでは，その仕事は科学技術計算が主体であった。その後事務処理，ワープロ，表計算，データベースなど多くの仕事が実現されてきた。またコンピュータの進展はマイクロプロセッサにも見られる。マイクロプロセッサは電気ポット，電気洗濯機，空調装置をはじめ電車，自動車などほとんどのものに組み込まれ，制御や調節などに活躍している。

　コンピュータがどのような使われ方をしてきたかを時代とともにたどってみることにする。じつはこの使われ方は，オペレーティングシステムの発展と密接に結びついているのである。

　初期の段階ではほとんどの場合，一人が独占的にコンピュータを使う，言い換えれば一つの仕事のみを実行する環境で，しかも入力，出力装置も単一であって，ユーザはすべての手続きを記述したプログラムを書いていた。

　ところがコンピュータにさせる仕事の量が増えてくると，なるべく効率的な使い方が要求されるようになってきた。コンピュータの脳ともいえるCPUは，入出力装置とは比べものにならないほど処理速度が速い。入出力装置が動作している間，CPUを遊ばせておくのは非常に効率が悪い。

　このようなことから，効率よく連続して仕事をさせるいわゆる**バッチ処理**（batch processing）が主となったのが1960，1970年代で，大形汎用コンピュータが使われた時代である。

　ユーザが多くなると，わざわざ大形のコンピュータが設置されている場所にプログラムの入ったカードやテープを持って行かなくても，電話回線を使って直接大形コンピュータにアクセスすることによってバッチ処理が要求できるようになった。いわゆる**リモートバッチ**（remote batch system）である。

　通信回線によるコンピュータとの接続が可能になるならば，コンピュータを複数のユーザに順次一定時間ずつ，いわば時間を細切れにして割り当てる方式

が考えられた。この割当て時間が十分短いものであれば，見かけ上複数のユーザが同時にコンピュータにアクセスできるように感じられるはずである。すなわち，ユーザがあたかも一つのコンピュータを自分専用のコンピュータであるかのように使用できる環境を与えた。ユーザがキーボードなどを使ってプログラムを入力する時間に他のユーザのプログラムを実行できるわけである。この方式を**タイムシェアリングシステム**（time sharing system；**TSS**）という。

　1980年代に入ると，VLSIを用いた高性能のパソコンやワークステーションが低価格で提供されるようになり，個人が専用のコンピュータを使って仕事を行うようなシステムへと変わってきた。1990年代にはマイクロソフト社などがパソコン向けのOSを開発するとともに，パソコンが各種の職場はもとより一般家庭にも入り込むようになった。

　これはインターネットによる電子メール機能や，インターネットを通してのホームページ閲覧が可能になったことにも大いに関係がある。一般家庭にパソコンが入り込んだのは，コンピュータの仕組みや操作に慣れていない人にも容易にコンピュータを使えるためのGUI（graphical user interface）などの提供や，ホームページ閲覧用のブラウザが開発されたことにもよる。

　21世紀はコンピュータと家電製品がいっそう結びつく方向へと技術は進んで行くであろうし，またユビキタスコンピューティングに見られるように，よりいっそう身近なものにコンピュータの応用が展開されるであろう。

　一方では，ロボットや医療装置への応用などすでに目覚ましい発展を遂げつつある分野も少なくないが，コンピュータ自体の進化も顕著である。超並列コンピュータやインターネットを通して多くのコンピュータを格子状に結び，仮想的に巨大なコンピュータを作り上げようとするグリッドコンピュータの構想など，人間の知恵と夢には果てしないものがある。

1.4　コンピュータの種類

　（**1**）　**スーパコンピュータ**（supercomputer）　　スーパコンピュータは地

球や宇宙のシミュレーションをしたり，自然科学で実験が困難な事象を解析するために巨大な記憶容量と超高速の計算処理速度を目的として開発されてきた。現在では処理速度で 10 PFLOPS[†1] 以上の性能をもつコンピュータが実現可能となっている。

世界のスーパコンピュータは演算速度に基づき 500 システムが選定され，トップ 500 として毎年 6 月と 11 月の 2 回に国際スーパコンピューティング会議 (ISC) と ACM/IEEE スーパコンピューティング会議によって発表されている。コンピュータの性能は LINPACK ベンチマーク[†2]によってランキングされ，2011年11月におけるランキング10位までのスーパコンピュータを**表1.1**に示す。2005年に演算速度は100 TFLOPS以下であったが，2011年の理科学研究所の"京"は 10 PFLOPS 以上で，100 倍以上に性能が上がっている。100 位のスーパコンピュータの演算速度でも 100 TFLOPS 以上である。

表1.1 世界のスーパコンピュータ （2011 年 11 月）

順位	設置機関	名　　称	ベンダ[†3]	実測性能〔TF〕[†4]
1	理科学研究所	京	富士通	10 510
2	国立 SC センター天津	天河一号 A	NUDT（自作）	2 566
3	オークリッジ国立研	Jaguar	Cray	1 759
4	国立 SC センター深圳	星雲	曙光	1 271
5	東京工業大学	TSUBAME 2	NEC/HP	1 192
6	ロスアラモス国立研	Cielo	Cray	1 110
7	NASA エイムズ研	Pleiades	SGI	1 080
8	国立エネルギー研	Hopper	Cray	1 054
9	フランス原子力庁	Tera-100	Bull	1 050
10	ロスアラモス国立研	Roadrunner	IBM	1 042

上位 500 システムの設置国で，アメリカ合衆国は 53 %，中国は 15 %，日本は 6 %で，30 システムが入っている。なお，スーパコンピュータの OS には Linax が 91 % 以上使われていて，Unix が 6 % である。

[†1] 1 PFLOPS とは毎秒の実行命令が 1 000 兆回 (P：ペタ＝10^{15}) であること。
[†2] 1.6 節参照。
[†3] コンピュータ関連製品の製造・販売会社。
[†4] TF は TFLOPS の意。1 000 TFLOPS は 1 PFLOPS である。

1993年にトップ500のランク付けが始まって以来，1位のシステムはTMC CM-5（米，1993.06），富士通数値風洞（日，1993.11，1994.11-1995.11），Intel Paragon XP/S 140（米，1994.06），日立SR 2201（日，1996.06），日立CP-PACS（日，1996.11），Intel ASCI Red（米，1997.06-2000.06），IBM ASCI White（米，2000.11-2001.11），NEC地球シミュレータ（日，2002.06-2004.05），IBM Blue Gene/L（米，2004.11-2007.11），IBM Roadrunner（米，2008.06-2009.06），Cray Jaguar（米，2009.11-2010.06），NUDT天河一号A（中国，2010.11），富士通 京（日，2011.6-）である[†]。

トップ500とともにスーパコンピュータの電力効率に基づくランキングであるグリーン500が，2007年から発表されている。これはトップ500のスーパコンピュータについて，単位電力当たりの演算回数によるランキングである。日本の京は824.5 MFLOP/W，TSUBAME 2は958 MFLOP/Wであり，2011年度ではそれぞれ4，3位であった。

最初のスーパコンピュータは1976年に開発されたクレイ社のCRAY-1であるが，その後多くのベンダがスーパコンピュータの開発を始めた。現在ではIBM，HP，クレイなどがおもなベンダである。

スーパコンピュータは科学技術分野で使われる行列計算など繰り返し演算を大量にかつ高速に行うために，ベクトル計算用の演算装置によって並列処理を行う方式が主流であったが，パソコン向けのマイクロプロセッサの性能向上と低価格化によって，多数のマイクロプロセッサを接続して並列に動作させるMPP（massively parallel processing）方式のスーパコンピュータが増えている。現在ではスーパコンピュータというよりも，超並列マシン，コンピュータクラスタ，グリッドコンピュータなどの名称に特化して呼ばれることが多い。

（2）**汎用コンピュータ**　ソフトウェアに従って事務計算や科学計算など用途を限定することなく幅広く利用できるコンピュータのことである。システム全体の中核的なコンピュータとして使われることが多いので，**メインフレー**

[†] 人間の脳の処理速度は100 TFLOPSともいわれているが，可搬性で，重さ1.4 kg。情報の能力だけでなく，思考し創造する能力をもち，スーパコンピュータとの比較は難しい。

ム（mainframe）とも呼ばれる。1964年に開発されたIBMのシステム/360は，汎用コンピュータといわれる最初の機種である。汎用コンピュータの用途は，流通業界のオンラインシステム，金融機関の諸システムや交通機関の座席予約システムなどで，大量のトランザクション[†]を高速に処理するシステムである。

（3） **ミニコンピュータ**　大形汎用のコンピュータに対し，研究室や各部署のような小規模な利用者を対象としたコンピュータのことである。ミニコンピュータとしてはDEC社のPDPシリーズがよく知られている。

（4） **オフィスコンピュータ**　Small Business Computerともいい，ミニコンピュータとほぼ同クラスの機種である。端末から操作される種類のコンピュータで，特にオフィスコンピュータでは，伝票類の印刷や業務収支計算などのプログラムが用意されている。特定業務のためのアプリケーションが動作するような専用コンピュータで，ハードウェアとソフトウェアをセットにして納入されるような形態が多かった。

代表的なオフィスコンピュータには，富士通のKシリーズ，日本電気のS3100シリーズ，S7100シリーズ，IBMのAS/400シリーズなどがある。

（5） **ワークステーション**（workstation）　パーソナルコンピュータより高性能なデスクトップ型のコンピュータで，エンジニアやデザイナーなど高機能なコンピュータを必要とする人の業務や，ネットワークサーバとして使用される。オペレーティングシステムにはUNIX系のものが使われることが多い。

（6） **パーソナルコンピュータ**（personal computer）　従来は1台のコンピュータを複数人で利用していたのに対し，コンピュータの普及とともに価格も下がり，個人が1台を占有して使用できるようになった。このように個人単位で利用する小形のコンピュータのことをいう。

1970年代中ごろに普及し始めた8ビットマイクロプロセッサを用いて，価格的にも手が届くコンピュータが作られるようになった。1976年，1977年に

[†]　一連のまとまった一つの仕事のこと。

作られたアップル社のApple I，Apple IIが好評でパーソナルコンピュータ（パソコン）の普及につながった．16ビットCPU時代になるとIBMのModel 5150が多くのユーザに歓迎され，以後このIBM社製のPC互換機が業界標準になっていった．

（**7**）**マイクロコンピュータ**（microcomputer）　コンピュータの中枢部である中央処理装置の部分を一つのLSIに集積したものをいう．また超小形処理装置の意味で**マイクロプロセッサ**（microprocessor）ともいう．電化製品などの制御をするために組み込まれている超小形のコンピュータのことを指す．

（**8**）**グリッドコンピューティング**　インターネットなどの広域のネットワークによって全世界のコンピュータ資源を結合し，大きな一つのコンピュータシステムを提供するような仕組みである．ちょうど電力会社の電力利用と同じように，余っている計算資源を利用しようとするものである．このため，特別な大規模コンピュータの代わりに，普及しているパソコンを高速ネットで結んで分散計算環境を作ろうとする試みが生まれてきた．これがグリッドシステムによる計算処理すなわちグリッドコンピューティングである．なお，グリッドコンピュータという特別なコンピュータがあるわけではない．

（**9**）**DNAコンピュータ**　デオキシリボ核酸（DNA）の4種類の塩基を用いて，その反応によって計算させる分子コンピュータの一つである．従来のコンピュータでは難しかった分野の問題に対して有用であるといわれている．

　最初にDNAコンピュータの原理を考えたのは，南カリフォルニア大学のレオナルド・エーデルマンで，1994年に初めてDNAコンピュータを使って，よく知られた巡回セールスマン問題を解いた．このように，問題の種類によっては現在のスーパコンピュータの100万倍もの処理速度が期待されている．

（**10**）**量子コンピュータ**　物質の量子状態を利用したコンピュータのことである．量子コンピュータによって素因数分解を解く効率的なアルゴリズムが知られているが，一般的には量子コンピュータで解く方法を見つけるのが困難であり，その実用化はかなり将来のことになるといわれている．

1.5 コンピュータの構成

コンピュータの各部の装置について紹介しておこう。

（**1**）**入力装置**　ユーザがコンピュータに仕事をさせたい場合には，その仕事の内容が記述されてあるプログラムやその仕事に必要となるデータなどをコンピュータに与えなければならない。このように，与えるすなわち入力するための装置を入力装置という。

入力装置にはキーボード，マウス，スキャナあるいはタブレットなどの手書き装置がある。プログラムやデータなどをコンピュータに入力する装置のことである。1970年代ごろまで使用されていた紙テープやパンチカードなどの入力装置は，パソコンの普及とともに，キーボードから直接コンピュータのハードディスクに入力する方式となった。

ソフトウェアの移動にはフロッピーディスク，CDあるいはフラッシュメモリのような外部補助ディスクが用いられるほかに，コンピュータネットワークによって受け渡しするのが普通である。また市販のソフトウェアなどは，おもにCDによって店頭で販売されるか，あるいはインターネットを通してダウンロードすることにより取得することもできる。

（**2**）**中央処理装置**　入力装置から入力されたプログラムに従ってコンピュータは種々の処理を行うのであるが，この装置を処理装置または**中央処理装置**（CPU）という。CPUは人間の脳に相当するコンピュータの最も重要な部分である。すなわちCPUは算術論理演算や，記憶装置へのアクセス，入出力装置への指示などの処理を行う。この処理装置には，処理中に利用される記憶装置が接続されていて，この記憶装置を主記憶装置あるいはメインメモリと呼んでいる。

（**3**）**記憶装置**　コンピュータにソフトウェアを実装すなわちインストールして実行するためには，記憶装置が必要である。記憶装置といってもコンピュータの中にあって，例えばOSのようなコンピュータを動作させる基礎と

なるソフトウェアを常駐させておく記憶装置や，データやプログラムなどを一時的に記憶しておく記憶装置など，その目的に応じて種々の記憶装置がある。またアプリケーションソフトなどを持ち運ぶためのCDなどの記憶媒体も利用されている。

（**4**）**出力装置**　　出力装置はCPUによって得られた処理結果を出力する装置で，ディスプレイ，プリンタ，音声装置などがある。このほかにも図形などを出力するプロッタ，表示に用いられるプロジェクタや処理結果を保存するための外部補助記憶装置などもある。

また他のコンピュータへ送るためのネットワーク機器などもあり，入力装置と同じく種々の装置が使用されている。

ディスプレイにも液晶をはじめとして種々なものがあるし，プリンタにも熱転写プリンタ，インクジェットプリンタ，ドットインパクトプリンタやレーザプリンタなど用途に応じて種々なものがある。

1.6　コンピュータの性能

コンピュータは多くの装置から構成されているので，コンピュータの性能を比較することはそう簡単なことではないし，またどのような仕事をさせるかによっても異なってくる。実際，コンピュータ特にCPUの性能を示すには，以下に述べるようないくつかの評価基準がある。

（**1**）**クロック周波数**　　ディジタルコンピュータにおいて，各装置はクロックと呼ばれるパルス状の信号に同期して動作している。このためクロック周波数はCPUを動作させる信号の周波数であり，クロック周波数が高いほどCPUの動作は速いと考えてよい。このクロック周波数はパソコンの性能を表す数値としてよく使われている。しかし実際にはCPUに結合されている記憶装置のデータ入出力の速度にも依存するし，リアルタイムで映像を処理し，表示するにはCPUがいかに速くても映像処理装置が高速でなければ全体としては処理速度は速くならない。

（**2**）**MIPS 値**（million instructions per second）　クロック周波数が CPU の速度を表したものに対し，実際にプログラムを実行させ，そのときの速さをコンピュータの処理速度と考えるほうがより実際の数値に近いと考えられる。MIPS は 1 秒間当りの命令実行数を 100 万単位で表したものであり，プログラムを実行させたときの処理速度を示したものである。すなわち 1 MIPS は 1 秒間に 100 万回の命令処理を行う能力である。1970 年ごろのコンピュータでは数 MIPS であったが，2010 年ごろになると 10 万 MIPS 以上となり，むしろ機種に依存しないベンチマークが使用されるようになった。

（**3**）**FLOPS**（floating point operations per second）　MIPS は実際のプログラムの実行速度を表してはいるものの，コンピュータによってはそれぞれ得意とする問題がある。例えば数値計算，画像処理や知識処理などで性能が異なることがある。特にスーパコンピュータではベクトル計算が得意であるので，1 秒間当りの実数の計算回数で表した数値，すなわち FLOPS をスーパコンピュータの性能を表す尺度として用いることが多い。すなわち 1 MFLOPS は 1 秒間に 100 万回の浮動小数点演算を行う能力である。最初のスーパコンピュータ CRAY-1 は 140 MFLOPS であった。しかし 2010 年代になると 10 000 TFLOPS（＝10 PFLOPS）以上のコンピュータも実現されている。

（**4**）**ベンチマークテスト**　コンピュータの性能は CPU のクロック周波数などと関連はあるものの，非常に多様な仕事をするので，処理する問題や使用するソフトウェアなどにも大きく依存する。このため処理対象ごとに典型的な仕事を策定し，他機種と比較することによって評価することがよく行われる。このようなテストをベンチマークテストと呼んでいる。

特に，米国のテネシー大学の J. Dongarra 博士により作成された，おもに浮動小数点演算のための LINPACK ベンチマークはスーパコンピュータの性能を定める指標となっている。このベンチマークは連立 1 次方程式の解法プログラムであり，スーパコンピュータのみならずワークステーションやパソコンなど，種々のコンピュータの性能評価にも用いられている。

1.7 標準化機関

コンピュータやコンピュータの周辺機器あるいはそれらのソフトウェアに関しては国際的な標準化が不可欠であり，これらの標準化機関としてはつぎのようなものがある。

国際電気通信連合「アイティユー」(International Telecommunication Union；ITU)　DDX パケット交換網の規格制定。

国際標準化機構「アイエスオー」(International Organization for Standardization；ISO)　工業製品全般についての規格制定。

米国電気電子学会「アイトリプルイー」(Institute of Electrical and Electronics Engineers；IEEE)　LAN の規格を制定。

米国電子工業会「イーアイエー」(Electronic Industries Alliance；EIA)　米国におけるコンピュータやモデムなどのインタフェースの規格制定。

欧州電子計算機工業会「エクマ」(European Computer Manufacturer Association；ECMA)　欧州におけるコンピュータと周辺機器の規格制定。

米国国家規格協会「アンシ」(American National Standards Institute；ANSI)　ハードウェアやソフトウェアの規格制定。

日本工業標準調査会「ジスシー」(Japanese Industrial Standards Committee；JISC)　日本工業規格 JIS の制定。

演 習 問 題

【1】つぎの英文字は国際的な標準化機構の略語である。何の略語か答えよ。
　　(a) ISO　(b) ANSI　(c) JISC　(d) EIA

【2】つぎの文の空白を埋めよ。
　　最初の電子式コンピュータは（　a　）年に（　b　）大学のモークリー (J. W. Mauchly)，エッカート (J. P. Eckert) ら 10 人によって開発された（　c　）である。このコンピュータはプラグとソケットを用いた配線によって計算の手順を与えるものであった。プログラム内蔵式のコンピュ

ータは(d)年に(e)大学で開発された(f)や,1950年(g)大学で開発された(h)であった。

【3】 つぎの各問題についてア,イ,ウ,エの記号で答えよ。
① 1936年に論文「計算可能な数とその決定問題への応用」を発表し,その中で計算機の可能性を示唆したのはつぎのだれか。
   ア 湯川秀樹　イ チューリング　ウ ライプニッツ
   エ パスカル
② 彼はつぎのどこの国の研究者か。
   ア イギリス　イ アメリカ　ウ フランス　エ 日本
③ 集積回路（IC）は何年に発明されたかをつぎの中から選べ。
   ア 1950　イ 1955　ウ 1958　エ 1960
④ 一つのコンピュータを1枚のシリコンチップ上に実現した最初のマイクロコンピュータはつぎのどれか。
   ア 4004　イ Z80　ウ 9800　エ DEC-1
⑤ 最初のスーパコンピュータの開発された年はつぎのどれか。
   ア 1958　イ 1965　ウ 1976　エ 1981
⑥ このスーパコンピュータを開発したメーカはつぎのどれか。
   ア IBM　イ NEC　ウ DEC　エ クレイ社

【4】 つぎの各問について答えよ。
① インターネットによって全世界のコンピュータ資源を結合して大きな一つのコンピュータシステムを提供するような仕組みを何というか。
② DNAを演算素子にして計算をするコンピュータを何というか。

【5】 1時間当り54 000件のデータを処理するシステムを考える。1件のデータ処理に必要な実行命令数を平均100万ステップ,CPUの利用効率を75％とするとき,最低何MIPSのプロセッサが必要か。

2 情報とデータ

情報とはある出来事や見聞きしたことあるいはものについて伝達される内容のことを意味する。コンピュータが生まれて以来，いわゆる情報をコンピュータによって処理する取り組みがなされ，情報処理はコンピュータのおもな仕事と見なされている。このような情報にはどのようなものがあり，どのように定量化し，どのように利用されているかを述べていくことにする。

2.1 情　　　報

　日常生活において，情報という言葉は無意識にしかも頻繁に使われている言葉である。情報という言葉と同時にデータ，コードあるいは知識という言葉も日常的に用いられている。情報とは個人情報とか情報処理とかいう言葉に見られるように，ある種の意味をもったデータで，人間が何か判断あるいは決定するために必要な材料であるが，後述のデータより抽象的であり，知識よりあいまいな意味で用いられることが多い。
　データとは一般的に数値もしくはある尺度で表現できる情報の内容のことを指す場合が多い。知識は情報と同じく意味をもつが一般には有用でかつほかに適用できる形に加工された情報のことをいう。コードとは情報を簡便に表現する別称であり，コンピュータシステムに入力可能な記号の体系である。
　人間は常に情報を受け取り，情報に従って行動しているといってもよい。情報は当然価値のあるなしにかかわらず，ある種の量をもっていると考えられる。

しかし物体のような存在ではないので，その量を計ることはなかなか難しい。

例えば，「情報が不足している」，「情報をもっと収集すべきだ」とか「情報が多すぎて整理するのが大変だ」とかいうように情報がもっている価値とは別に「量」で計測される尺度をもっていることがわかる。この情報をコンピュータの処理の対象とみて，情報の量を定義する。すなわちこのような量を情報量と呼び，その単位を**ビット**（bit；**b**）とする。

情報量は**シャノン**（C. E. Shannon）によって1948年にエントロピーの概念を導入して定義された。すなわち正しいか，正しくないかのどちらかがわかれば，それは知識が増えたことになり，これを1ビットという情報の基本単位とするのである。言い換えれば，0と1のどちらかの状態をとることに相当する。具体的には2進数の1桁の情報である。なお単位 bit は binary digit（2進数）から作られている。

例えば，背が高いか低いかを1，0で，年輩と若年を1，0で，また男性，女性をそれぞれ1，0で表すことにしよう。この三つの項目で表せる組合せは全部で2の3乗すなわち8通りである。したがって，「背の高い，若い男性」は8通りの中の一つであり，(1, 0, 1) の3ビットで表すことができる。

コンピュータで情報を取り扱う場合は大量の情報を対象とすることが多いので，8ビットを1**バイト**（Byte；**B**），2バイトを1**語**（**ワード**；word）とする単位がある。なお間違いのないように，ビットは小文字のb，バイトは大文字のBが用いられる。フロッピーディスクの容量は1.44 MBといわれているが，詳しく書けば，

$$1\,440\,000\,\text{B} = 1\,440\,000 \times 8 = 11\,520\,000\,\text{ビット}$$

のことである。ちなみに，$2^{10} = 1\,024$ であるが，これを一般に1Kと称している。したがって，2進数と情報量の関係はつぎのようになる。

$2^{10} = 1\,024 = 1\,\text{K}$ （kilo） 　　 $10^3 = 1\,\text{k}$

$2^{20} = 1\,\text{M}$ （mega） 　　 $10^6 = 1\,\text{M}$

$2^{30} = 1\,\text{G}$ （giga） 　　 $10^9 = 1\,\text{G}$

$2^{40} = 1\,\text{T}$ （tera） 　　 $10^{12} = 1\,\text{T}$

明らかに1km（キロメートル）とかいう場合のキロは1 000倍を表すが，情報量を表す場合には約1 000であることに注意しておこう。この区別をはっきりさせるために，情報量を表す場合には，小文字のkではなく大文字のKが用いられる。

2.2 文字コード

情報を表現するための記号体系のことで，個を識別するために付けられた一意に定まる番号である。特にコンピュータによって何か対象を管理する場合には，その管理対象を記号あるいは数値化することが処理の観点から見て容易であり，また誤りも小さくなる。

コンピュータで用いられる文字や数字もコード化されているが，このコード化については国際的に認められた共通性の高いものでなければ意味がない。したがって国際機関によって定められた体系のコードが用いられる。

コンピュータで文字や数字を入力するときに，目にするいろいろなコードがある。これらのコードについて調べてみよう。なお，コードを定める代表的な

コーヒーブレイク

情報分野で用いられる単位

da	(deca)	10^1	d	(deci)	10^{-1}
h	(hecto)	10^2	c	(centi)	10^{-2}
k	(kilo)	10^3	m	(milli)	10^{-3}
M	(mega)	10^6	μ	(micro)	10^{-6}
G	(giga)	10^9	n	(nano)	10^{-9}
T	(tera)	10^{12}	p	(pico)	10^{-12}
P	(peta)	10^{15}	f	(femto)	10^{-15}
E	(exa)	10^{18}	a	(atto)	10^{-18}
Z	(zetta)	10^{21}	z	(zepto)	10^{-21}
Y	(yotta)	10^{24}	y	(yocto)	10^{-24}

機関とそのコード体系にはつぎのようなものがある。

(a) ISO コードは国際標準化機構によって定められたものである。

(b) ASCII（アスキー）コード（American Standard Code for Information Interchange）は米国国家規格協会によって定められたものである。

(c) JIS（Japanese Industrial Standards）規格すなわち日本工業規格は日本工業標準調査会によって定められたものである[†]。

上述のように，国際的な機関とアメリカや日本などの各国において管理する機関とがある。また実際のコードには以下に示すような多くの種類がある。

(**1**) **ISO 7 ビットコード**（ASCII コード） 英大文字，英小文字，数字および平常使われる記号の数はおよそ 100 程度である。したがって 7 ビット（$2^7=128$）あれば十分表現できるので，1962 年に ANSI の規格で定められたものを ISO の 7 ビットコードあるいは ASCII コードといっている。ISO 文字コードを図 **2.1** に示す。7 ビットの上位 3 ビットと下位 4 ビットを 16 進数で示してある。

例えば，図 2.1 で英大文字の M は 16 進数で 4 D，すなわち 100 1101 であり，h は 16 進数で 68，すなわち 110 1000 の 7 ビットである。ただし，この ISO 文字コードのうち図 **2.2** に示す国別文字コード 12 個は各国で定めてよいことになっているので，通貨記号などが JIS コードや ASCII コードとでは異なる。

(**2**) **JIS コード，JIS 漢字コード** 欧米諸国ではアルファベッドで通用するが，日本ではカナや漢字などを使用しているため，これらをすべてコード化するには 7 ビットでは明らかに不足する。したがって種々の改善が年代とともに行われてきた。

JIS コードあるいは JIS 漢字コードはコンピュータで使用する日本語の文字を体系的に符号化し，日本工業規格として制定したものである。これらのコードは年代とともに拡張され，JIS X 0201，JIS X 0208，JIS X 0211，JIS X 0212，JIS X 0213 などによって規格されている。

---

† 標準機関については 1 章を参照。

2. 情報とデータ

上位下位	0	1	2	3	4	5	6	7
0	NUL	TC7	SP	0	@	P	`	p
1	TC1	DC1	!	1	A	Q	a	q
2	TC2	DC2	"	2	B	R	b	r
3	TC3	DC3	#	3	C	S	c	s
4	TC4	DC4	$	4	D	T	d	t
5	TC5	TC8	%	5	E	U	e	u
6	TC6	TC9	&	6	F	V	f	v
7	BEL	TC10	'	7	G	W	g	w
8	FE0	CAN	(	8	H	X	h	x
9	FE1	EN	)	9	I	Y	i	y
A	FE2	SUB	*	:	J	Z	j	z
B	FE3	ESC	+	;	K	[	k	{
C	FE4	IS4	,	<	L	\	l	|
D	FE5	IS3	-	=	M	]	m	}
E	SO	IS2	.	>	N	^	n	~
F	SI	IS1	/	?	O	_	o	DEL

図 **2.1** ISO 文字コード

コード国	23	24	40	5B	5C	5D	5E	60	7B	7C	7D	7E
JIS	#	$	@	[	¥	]	^	`	{	|	}	‾
ASCII	#	$	@	[	\	]	^	`	{	|	}	~

図 **2.2** 国別文字コード

　JIS X 0201 で制定された 8 ビットコードは，ASCII（ISO）コードより 1 ビット多く，つぎに示すように 128 文字分増えた所にカナ文字と記号の 63 文字に使用している。残りの 67 文字分は未使用である。なお，制御文字には ISO の制御文字と異なる文字を用いている。

　　00〜1F　　制御文字　　　21〜7E　　文字記号　　　80〜9F　未使用
　　A1〜DF　　カタカナ　　　E0〜FF　　未使用

図 **2.3** に JIS X 0201 の表を示しておく。

情報交換用漢字符号系として 1978 年に制定された JIS X 0208 では，16 ビ

2.2 文字コード

下位4ビット

	0	1	2	3	4	5	6	7	8	9	A	B	C	D	E	F
0	N_U	S_H	S_X	E_X	E_T	E_O	A_K	B_L	B_S	H_T	L_F	V_T	F_F	C_R	S_O	S_I
1	D_L	D_1	D_2	D_3	D_4	N_K	S_Y	E_B	C_N	E_M	S_B	E_C	F_S	G_S	R_S	U_S
2		!	"	#	$	%	&	'	(	)	*	+	,	-	.	/
3	0	1	2	3	4	5	6	7	8	9	:	;	<	=	>	?
4	@	A	B	C	D	E	F	G	H	I	J	K	L	M	N	O
5	P	Q	R	S	T	U	V	W	X	Y	Z	[	¥	]	^	_
6	`	a	b	c	d	e	f	g	h	i	j	k	l	m	n	o
7	p	q	r	s	t	u	v	w	x	y	z	{			}	‾	D_T
8																
9																
A		。	「	」	、	・	ヲ	ァ	ィ	ゥ	ェ	ォ	ャ	ュ	ョ	ッ
B	ー	ア	イ	ウ	エ	オ	カ	キ	ク	ケ	コ	サ	シ	ス	セ	ソ
C	タ	チ	ツ	テ	ト	ナ	ニ	ヌ	ネ	ノ	ハ	ヒ	フ	ヘ	ホ	マ
D	ミ	ム	メ	モ	ヤ	ユ	ヨ	ラ	リ	ル	レ	ロ	ワ	ン	゛	゜
E																
F																

上位4ビット

図2.3 JIS X 0201

ットコードとなり，65 536個の文字や記号を指定できるようになった．このコードでは6 802字が指定されそのうち漢字は6 349字である．

- 第1水準漢字 …2 965字
- 第2水準漢字 …3 388字
- ひらがな …………83字
- カタカナ …………86字
- ローマ字 …………52字
- 数字 ………………10字
- 特殊文字 ………108字
- ギリシャ文字 ……48字
- ロシア文字 ………66字

さらに2000年に制定されたJIS X 0213ではつぎのような第3，第4水準の漢字を加え，コンピュータの高性能化にともない使用できる文字数を増やしてきた．

- 第3水準漢字 ………1 249字
- 第4水準漢字……2 436字
- 第3，4水準非漢字… 659字

（3）シフト JIS コード　　いわゆる JIS コードでは，JIS 漢字と ASCII をエスケープシーケンスを用いて切り替えて使っている。エスケープシーケンスは，コード 1 B にある制御文字 ESC で始まる文字列で，このように特殊な意味をもっている。

エスケープシーケンスを使わない方式として，シフト JIS が生まれた。シフト JIS では，2 バイトコードである JIS 漢字の第 1 バイトを，1 バイトコードの空いているところに入れている。図 **2.4** に JIS とシフト JIS コードの 2 バイト部分の関係を示しておく。

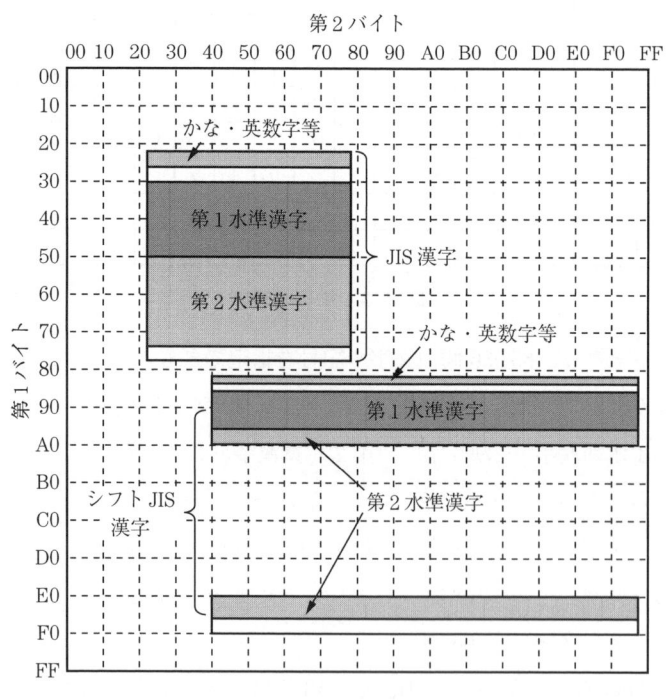

図 2.4　JIS とシフト JIS の関係（2 バイト部分）

第 1 水準の最初の 10 文字すなわちシフト JIS コードの 889F〜88A8，JIS コードの 3021〜302A を示すとつぎのとおりである。

　　　　亜唖娃阿哀愛挨姶逢葵

また第2水準の人偏の10文字すなわちシフトJISコードの98C0～98C9，JISコードの5042～504Aを示すとつぎのとおりである。

仟价伉佚估佛佝佗佇佶

このように漢字コードは第1水準では五十音順に並んでおり，第2水準は部首の画数の順番で並べられている。

第1水準漢字（シフトJIS，JISコード）

亜（889F，3021），唖（88A0，3022），娃（88A1，3023）から始まり，終わりの3文字は湾（9870，4F51），碗（9871，4F52），腕（9872，4F53）である。

第2水準漢字（シフトJIS，JISコード）

弌（989F，5021），丐（98A0，5022），丕（98A1，5023）から始まり，終わりの3文字は遙（EAA2，7424），凛（EAA3，7425），熙（EAA4，7426）である。

（**4**）**区点コード**　JISコードと同じであるが，JISの2121から7E7Eまでの94×94の文字を，10進法の0101から9494に割り当て，上位2桁を区，下位2桁を点という。したがって，JISコードから区点コードへの変換はJISコードの上位2桁と下位2桁の16進数からそれぞれ16進数の20を引いた数を10進数に変換すればよい。

例えばJISコード3358の「学」の場合，上位は33−20=13で10進数では19，下位は58−20=38で，10進数では56であるから，区点コードは1956となる。「大」の区点コードは3471である。したがって，10進数で表現された区の34と点の71にそれぞれ32を加算すると，66と103すなわちこれを16進数に変換すると42と67であるから，JISコードでは4267となる。

JISコードと区点コードの関係を図**2.5**に示しておく。

（**5**）**EUCコード**（Extended Unix Code）　JISコードは上位21～7E，下位21～7Eに置かれているが，EUCコードは上位下位ともに+80（16進数）して，上位A1～FE，下位A1～FEに置かれる。例えば，第1水準漢字の最初の漢字の「亜」はJISコードでは3021である。したがって，30（16進

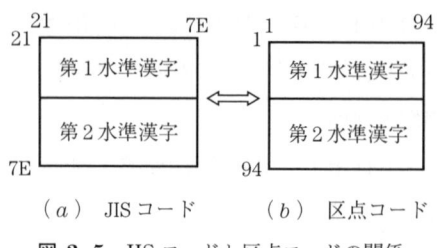

28   2. 情報とデータ

```
   21       7E      1              94
21 ┌─────────┐      ┌──────────────┐
   │第1水準漢字│  ⇔  │  第1水準漢字  │
   ├─────────┤      ├──────────────┤
   │第2水準漢字│      │  第2水準漢字  │
7E └─────────┘      └──────────────┘
                    94
     (a) JISコード      (b) 区点コード
```
図 2.5 JIS コードと区点コードの関係

数)＋80 (16 進数)＝B0 (16 進数)，21 (16 進数)＋80 (16 進数)＝A1 (16 進数) となるので，EUC コードは B0A1 となる。

(6) **ユニコード** (Unicode)   IBM，アップル，マイクロソフトなどの企業からなるユニコード・コンソシアムが作った国際統一的なコード体系である。この体系では，日本，中国，韓国で用いられている漢字を 20 902 文字にまとめて CJK (China, Japan, Korea) 統合漢字セットとしている。ユニコード表は A (alphabet)，I (ideograph)，Q，R (restricted) の四つの領域に分かれている。

領域	区（上位1バイト）	文字
A領域	00〜4D	アルファベット，ひらがな，カタカナなど
I領域	4E〜9F	CJK 統合漢字セット
Q領域	A0〜DF	ハングル文字
R領域	E0〜FF	外字，アラビア文字

よく使われる JIS コード，シフト JIS コードおよびユニコードにおける漢字について例として示しておく。

漢字	JIS	シフト JIS	ユニコード	
大	4267	91E5	5927	
学	3358	8A77	5B66	
學	555C	9B7B	5B78	(第 2 水準漢字)

2.3 文字数と記憶装置

すべての文字や記号は多くとも2バイトで表すことができることを述べた。実際われわれが日常的に手にしている本や新聞などはどのくらいの記憶容量があれば格納できるかを調べてみよう。もちろん実際の新聞や本には図や写真が掲載されているが，すべて文字に換算してみるとつぎのようになる。

- 400 字詰め原稿用紙……… $2 \times 400 = 800$ バイト
- 新書版（44 字×16 行×200 頁＝140 800 字）

  ………… 2×14 万＝28 万バイト＝0.28 MB
- 新聞（1 万字×22 頁＝22 万字）

  ………… 2×22 万＝44 万バイト＝0.44 MB

代表的な外部記憶装置の媒体であるフロッピーディスクやCDに格納するとすれば，1.4 MB のフロッピーディスクならば新書版約5冊を，また 700 MB のCDならば新書版約 2 500 冊もの格納が可能である。もし 4.7 GB の DVD であれば 1 枚の DVD で約 16 800 冊もの新書版を格納できるのである。

以上は黒白で表現される文字の場合である。つぎにカラー画像の場合について調べてみよう。カラーモニタでは赤緑青すなわち RGB の3色の組合せによって非常に多くの色を作り出している。RGB の3色の強さをそれぞれ 256 段階すなわち8ビットで表すことにすれば，$256 \times 256 \times 256 = 16\,777\,216$（24 ビット）すなわち約 1 677 万の色が実現できる。人間は数百万色以上になると色の違いがわからないのでフルカラーといっている。

いま，ディスプレイ画面の解像度を VGA の 640×480 だとすれば全体で約 30 万ドットとなり，各ドットあたり色情報に 24 ビットすなわち 3 バイト必要であるので，1 枚の画像では

  3 バイト×30 万＝900 000 バイト＝900 KB

の記憶容量となる。もし，XGA の 1 024×768 だとすれば，2.4 MB にもなる。したがって文字などのテキストとは異なり，画像の場合には非常に多くの

容量が必要になるので，さまざまな圧縮技術が用いられている．

2.4 文字の種類

文字は，例えば24×24の点における白黒で文字を作っていくビットフォントと，曲線の組合せから文字を作っていくアウトラインフォントがある．ビットフォントは拡大するとギザギザが目につくようになるが，文字を曲線の方程式によって表すアウトラインフォントは拡大しても滑らかさは変らないので，最近ではほとんどがこのフォントを使っている．Windowsではアウトラインフォントの規格としてTrueTypeを採用し，2次スプライン曲線を，また出版業界ではPostScriptを採用し，3次ベジェ曲線を使用している．

図 2.6 に示したのは（ a ）16×16ビットすなわち256ビット（32バイト）と（ b ）24×24ビットすなわち576ビット（72バイト）で表現した漢字「東」である．明らかにビット数の多いものほど滑らかな文字になっているが，このようなビットフォントでは滑らかさをもたせるには多くの容量が必要となることがわかるであろう．

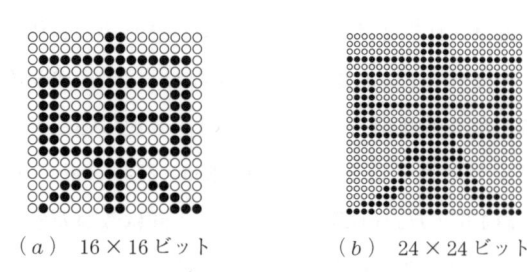

（a） 16×16ビット　　　（b） 24×24ビット

図 2.6　ビットフォントでの漢字表示の例

文字のサイズはポイント（P）で表す．1Pは1/72インチ[†]＝約0.35 mmであるので10Pの文字だと約3.5 mmとなる．図 2.7にサイズの例を示す．

フォントは文字書体の種類を示す言葉であり，実際には種々のフォントが使われているし，またいわゆる飾り文字もある．そのいくつかを図 2.8 に示す．

---

† インチ（in）．　1 in＝25.4 mm

5 P コンピュータと人工知能
8 P コンピュータと人工知能
10 P コンピュータと人工知能
12 P コンピュータと人工知能
14 P コンピュータと人工知能
16 P コンピュータと人工知能

図 2.7 文字のサイズ

明朝体	コンピュータと人工知能
ゴシック体	コンピュータと人工知能
行書体	コンピュータと人工知能
正楷書体	コンピュータと人工知能
斜体文字	コンピュータと人工知能
太文字	コンピュータと人工知能
中抜き文字	コンピュータと人工知能
影文字	コンピュータと人工知能
反転文字	コンピュータと人工知能

図 2.8 種々のフォント

Courier	Intelligent Computer
Times New Roman	Intelligent Computer
MS 明朝体	Intelligent Computer
P 明朝体	Intelligent Computer

図 2.9 種々の英文字のフォント

英文字についても種々のフォントがあり，その例を図 2.9 に示す．

また，例えば w と i では文字幅が異なるので，文字によってその幅を変えるプロポーシャルな文字が準備されている．

図 2.9 の Courier や MS 明朝体の文字は同じ文字幅であるが，Times New Roman や P 明朝体は文字の形に合わせて文字幅が異なっており，バランスの美しい文字が実現されている．

2.5 誤り検出コード

2.5.1 パリティチェック

データの転送やメモリに書き込む際に，0と1からなるデータのビット誤りを検出する方式に**パリティチェック**（parity check）がある。すなわち，データの中の1の個数が奇数あるいは偶数になるように定めておけば，誤りが生じたかどうかは1の個数を数えることによってわかる。例えば，奇数パリティの場合には，つぎのような7ビットのデータに対して8ビット目に1の個数が奇数になるように0または1を付加してやればよい。

データ	チェックデジット
1001011	1
1010111	0

このようにしておくと，誤りが生じると1の個数が偶数になるので，誤りのデータであることがわかる。しかし，誤りが2ビットで生じるとわからなくなってしまう。

もし複数のデータがある場合には縦横すなわち垂直と水平両方向のパリティチェックを行うことにより，1ビットの誤りの検出のみでなく，その誤りを自動的に訂正することができる。例えば，**図2.10**に示すような5個のデータがある場合を考えよう。

図2.10のデータ群において，3番目のデータの第6ビット目の1が0にな

```
  データ    パリティ
            ビット
 1001011    1  ⎫
 1010111    0  ⎪
 0011011    1  ⎬ データ
 0111000    0  ⎪
 0100100    1  ⎭
 1100100    0   …各列の奇数パリティによって付加したデータ
```

図2.10 5個のデータとパリティビット

る誤りが生じた場合を図 *2.11* に示す．このとき，つぎのようにして誤りを訂正することができる．すなわち，縦と横のパリティを調べることにより，上述の例では3番目の第6ビットが誤りであり，正しいデータは0でなく1であることがわかる．

```
       パリティ
 データ  ビット
1001011  1
1010111  0
0011001  1  ················1の個数が偶数
0111000  0
0100100  1
110010̲0  0
   *        ········第6ビットが0となっている
```

図 *2.11* パリティビットによる訂正

2.5.2 ハミングコードチェック

ハミングコードチェック（Hamming code check）とは，ビット列にハミングコードというビットを付加することにより，1ビットの誤り訂正が可能となるもので，ベル研究所の**ハミング**（R. Hamming）によって考え出された．

2.5.3 CRC 方 式

ビット列を多項式で表し，あらかじめ定められた演算によってチェックするような方式で，**巡回冗長チェック**（cyclic redundancy check）ともいわれていて，連続したビットに誤りが生じるようなバースト誤りの検出に用いられる．

2.6 JAN コードと QR コード

流通情報システムにおける重要な共通商品コードに **JAN**（Japanese Article Number）コードがある．JAN コードはよく知られているようにバーコードとして商品などに添付されている．このコードはその簡便さのため POS シ

ステムや在庫管理システムなど幅広く用いられている。国際的には JAN コードは **EAN**（European Article Number）コードと呼ばれ，アメリカとカナダの **UPC**（Universal Product Code）と互換性をもった共通商品コードである。

2.6.1 書籍 JAN コード

書籍に印刷されるバーコードは EAN コードを基本とし，国コードの部分に「978」または「979」という，書籍を表す特殊なコードが割り付けられている。この書籍コードは図 *2.12* に示すように上下の 2 段によって表されている。

図 *2.12* 書籍 JAN コード

（*1*） 書籍 JAN コード（上段）

9 7 8 4 3 3 9 0 2 4 1 1 1

上位 3 桁の 978 は書籍を表す JAN/ISBN 書籍用フラッグである。つぎの 9 桁は ISBN で，末尾の 1 桁は数字の誤りをチェックするためのチェックデジットである。

（*2*） 書籍 JAN コード（下段）

1 9 2 3 0 5 5 0 2 5 0 0 4

上位 3 桁の 192 は書籍 JAN コードの 2 段目を表すフラッグ，つぎの 4 桁の分類コードは日本図書コードの分類コード，さらにつぎの 5 桁は価格コードであり，末尾の 1 桁はチェックデジットである。

（*3*） ISBN（International Standard Book Number：国際標準図書番号）

ISO で 1969 年に制定され，1988 年には JIS 規格になった図書を表す。ISBN は 4 種類のコードから構成されている 10 桁の数字で，チェックデジットを除いて各コードの桁数は決まっていない。この場合，グループコードは最

上位の1桁で，4は日本である。つぎの3桁はコロナ社を示し，つぎの5桁は書名コードでその書籍に与える番号である。末尾の1桁はチェックデジットである。

ISBNにおけるチェックデジットは，つぎのISBNコードの各桁の数をそれぞれ10，9，8，…，3，2，1倍した合計値が11の倍数になるように定める。

4-339-02411

$4\times10+3\times9+3\times8+9\times7+0\times6+2\times5+4\times4+1\times3+1\times2=185$

である。したがって11の倍数になるようにするには，チェックデジットを2とすればよいことがわかる。すなわちISBNコードは

ISBN 4-339-02411-2

となる。もしどれかの数字が誤っている場合には，11の倍数にならないために，そのコードは誤りであると判断される。

2.6.2 QRコード

QRコードは携帯電話に読み取りソフトが組み込まれたことから最近急速に普及されてきた2次元コードである。QRコードは図 *2.13* に示すように2次元コードであるため情報量が多く，今後いっそう普及されていくことと思われる。

図 *2.13* QRコード

2.7 画像情報

画像情報には，ディジタルカメラによる写真画像をはじめ，航空機や人工衛星からの天気図や地理情報，あるいはCAD図形などがある。画像や図形の生成，加工にはビットマップイメージとベクターイメージとがある。ビットマッ

プイメージは点の集まりとして表現され，処理を簡単に行うことができる。しかし，回転，拡大，縮小などの変換に難点がある。一方，ベクターイメージは線の種類，位置，長さ，方向，色などで表現するもので，拡大や縮小，回転などに対しても表現が容易である。このベクターイメージは，各図形の情報をもとにビットマップイメージに展開することができるが，これをラスタライズという。

いずれにしろ，実際に，ディスプレイやプリンタで出力するにはビットマップイメージとして表現される。このためテキスト情報とは異なり，情報量も圧倒的に多くなるが処理も複雑になってくる。

ディスプレイ画面の解像度はつぎのようになっている。ここで解像度とはディスプレイの場合は画面に表示するドット数で，プリンタやスキャナの場合は，1 in 当りのドット数で表され，単位として **dpi**（dot per inch）が用いられる。

また，色は赤，緑，青（RGB：red, green, blue）の3原色[†]の組合せによって多色を実現している。赤と青を5ビット，緑を6ビット，すなわち色情報を2バイトで表すと

$$32 \times 64 \times 32 = 65\,536 = 約\,66\,000$$

の色が表現できる。また，各色を1バイト＝8ビット＝256段階で表すと

$$256 \times 256 \times 256 = 16\,777\,216 = 約\,1\,678\,万$$

の色が表現できる。これを24ビットカラーあるいはフルカラーと呼んでいる。ちなみに人間の目には各色6ビットの26万色以上は識別が難しいといわれる。

RGB 3色を3バイトのフルカラーで表すとき，ディスプレイの解像度が

(a) 640×480 ドット $= 307\,200 =$ 約 30 万点

(b) $1\,024 \times 768$ ドット $= 786\,432 =$ 約 80 万点

であれば，必要となる記憶容量はそれぞれつぎのようになる。

(a) $3 \times 300\,000 = 900\,000 = 0.9\,\text{MB}$

[†] RGB の波長は赤，緑，青がそれぞれ 600 nm, 530 nm, 450 nm であり，赤外線は 700 nm 以上，紫外線は 400 nm 以下をいう。

（b）　$3 \times 800\,000 = 2\,400\,000 = 2.4\,\text{MB}$

このように画像情報はきわめて大きな記憶容量が必要となってしまうので，記憶や伝送を容易にするために情報の圧縮が行われる。圧縮の方式にはつぎのような種々のものがある。

JPEG（joint photographic expert group）　カラー静止画像の標準的な圧縮伸張方式で，インターネット上の画像伝送やディジタルカメラなどで利用されている。24 ビットカラーなどのフルカラーの画像圧縮に適している。

GIF（graphics interchange format）　最大 256 色（8 ビットカラー）であるため，24 ビットカラー画像の扱いには適さない。

TIFF（tagged image file format）　高密度のビットマップ静止画像の記録方式である。

また，動画や音声などの記録にはつぎのような記録方式が用いられている。

MPEG（motion picture expert group）　動画や音声を圧縮する国際標準方式のことで，つぎのような種類がある。

- **MPEG 1**　カラー動画像や音声の標準的な圧縮伸張方式で，CD-ROM やビデオ CD などに利用されており，伝送速度は 1.5 Mbps[†] 程度である。
- **MPEG 2**　MPEG 1 の画質を高めた方式で，DVD ビデオやディジタル衛星放送などに利用されており，伝送速度は数 Mb/s である。
- **MPEG 4**　携帯電話やアナログ回線など，比較的低速な回線で利用する場合の動画圧縮方式で，衛星回線としても利用される。

演 習 問 題

【1】　1948 年にエントロピーの概念を導入して情報量を定義したのは誰か。

【2】　ISO コードは国際標準化機構によって定められたものであるが，ASCII コードや JIS コードはどこが定めたものか。

[†]　bps は bit per second の略で，1 秒当りの転送ビット数である。

2. 情報とデータ

【3】 単位についてつぎの設問に答えよ。
　① 1ビットとは情報の基本単位のことである。1バイトとは何ビットのことか。また，1ワードとは何バイトのことか。
　② 1KBは1000バイトのことである。1MB，1GB，1TBはそれぞれ何バイトのことか。またその読み方を記せ。

【4】 漢字コードについてつぎの設問に答えよ。
　① 「大」はJISコードでは4267である。シフトJISコードではどうなるか。
　② 「学」は区点コードでは1956である。JISコードではどうなるか。

【5】 新聞1ページには写真や図を除いて，文字だけにすると約1万字入るといわれている。新聞が35ページだとすれば1枚のフロッピーディスクとCDに何日分の新聞を格納できるか。

【6】 画面の大きさが横640ドット，縦480ドットで，256色が同時に表示できるパソコンのモニタの画面全体を使って，36フレーム/sのカラー画像を再生表示させる。このとき，1分間に表示される画像データの量（バイト）として，最も近いものはどれか。ただし，データは圧縮しないものとする。
　ア　500K　　イ　11M　　ウ　660M　　エ　5G

3 コンピュータの仕組み

イギリスで開発された EDSAC は世界最初のノイマン式コンピュータで，現在につながるプログラム内蔵式のコンピュータであった。EDSAC が出現してからすでに 60 年近く経つが，性能は驚くほど上がったがその仕組みはほとんど変わっていない。内蔵されたプログラムによってコンピュータは与えられた仕事を実行していく。本章ではこのようなコンピュータの構成やその動作役割について種々の面から見ていくことにする。

3.1 コンピュータの構成

コンピュータは一般に図 3.1 に示すように，入力装置，出力装置，中央処理装置および記憶装置などから構成されている。

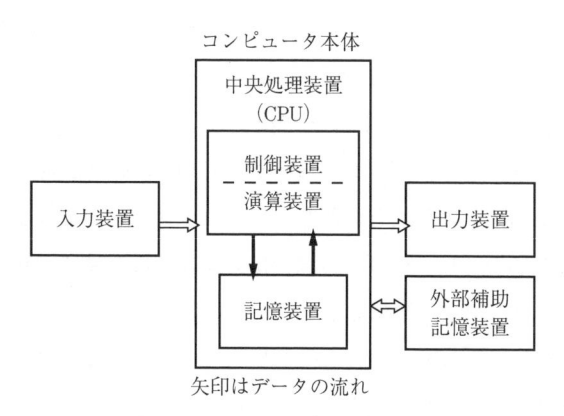

図 3.1　コンピュータの構成図

3. コンピュータの仕組み

（1） 入力装置　入力装置にはキーボード，マウス，スキャナあるいはタブレットなどの手書き入力装置がある。プログラムやデータなどをコンピュータに取り入れる装置のことである。

入力は通常キーボードから行われる。このキーボードは通常101～109個のキーをもち，そのキーの配列は上段の左からQWERTYとなっているので，QWERTY（クワーティ）配列と呼ばれる。キーボードの通信速度は19.6 Kbpsであり，PS/2コネクタあるいはUSBコネクタによってコンピュータ本体に接続される。マウスにはボール式と光学式とがある。前者はボールの回転により機械的に縦，横の座標軸上の位置移動を，後者は反射光により移動した画像の相違から移動位置を検出する方式である。またコンピュータへは無線または有線で接続される。

一般にマウスなどのように，画面の特定の場所を示す機器をポインティングデバイスといい，マウスの他にライトペン，タッチパネル，ジョイスティック，タブレット，トラックボールなどがある。タブレットは小さなコイルを取り付けたペンで，コイル状アンテナを組み込んだ平板の上を移動させ，生じるLC共振を検出し位置情報とする仕組みである。

（2） 中央処理装置（CPU）　CPU（central processing unit）は6章で述べるように，プログラムで指示された仕事を確実に行う装置であり，人間の脳に相当するコンピュータの最も重要な部分である。すなわちCPUは算術論理演算や，記憶装置へのアクセス，入出力装置への指示などの処理を行う。コンピュータの性能はこのCPUによって決まるといってよい。

スーパコンピュータや汎用コンピュータのCPUの進展は素子の改良や集積回路の進歩，あるいは並列などの新しいアーキテクチャの導入など多くの技術の集大成による。とくにパソコンの場合は近年非常な発達を見せ，処理速度は10年で10倍という割合で伸びてきた。

CPUの働きは6章で説明するが，パソコンにおいては，CPUの発展が直接パソコンの進展に結びついてきた。このCPUはパソコンでは周辺機器との接続回路の集まりであるチップセットと結ばれ，メモリなどと一緒にコンピュー

タの主要部品を装着するための基板であるマザーボード（mother board）に取り付けられている．

（3）　**記 憶 装 置**　　記憶装置は内部記憶装置と外部記憶装置に大別されるが，通常内部記憶装置には記憶容量は小さいけれどもアクセス時間の速いものが，外部記憶装置にはアクセス時間は遅いけれども記憶容量の大きい媒体が用いられる．すなわち，内部記憶装置にはDRAMやSRAMなどの半導体メモリが実装される．これらの内部記憶装置はCPUとともに動作するので，主記憶装置あるいはメインメモリと呼ばれている．パソコンでは，256 MB～2 GB程度である．また，外部記憶装置には，磁気ディスク（ハードディスク），フロッピーディスク，CD，MO，DVD，磁気テープなどが用いられている．

（4）　**出 力 装 置**　　出力装置はコンピュータの処理結果を出力する装置で，プリンタ，ディスプレイ，音声装置などがある．

ディスプレイ（モニタともいう）ではスクリーンの1画素（ピクセル）単位で輝度や色を変えることができる．この画素数はパソコン系では640×480，ワークステーション系では1 280×1 024が標準であったが，現在ではつぎのような種々のものがある．

   640× 480＝307 200 **VGA**（visual graphic array）
   1 024× 768＝786 432 **XGA**（extended graphic array），**SVGA**
   1 280×1 024＝307 200 **SXGA**（super extended graphic array）
   1 600×1 200＝1 920 000 **UXGA**（ultra extended graphic array）
   1 920×1 200＝2 304 000 **WUXGA**（wide ultra extended graphic
                  array）

図形表示機能で印刷結果に近いイメージを画面上に表示するようになっているが，見たままを得るという意味で**WYSIWYG**（what you see is what you get，ウィズィウィグと発音する）と呼ばれる．

現在ほとんどのコンピュータは複数のソフトウェアを動作させることができ，それらを画面上にウインドとして表示させることができるが，このように仮想的に複数個の画面を提供する仕組みをマルチウインドシステムという．

3.2 コンピュータの動作

コンピュータは基本的なソフトウェアであるオペレーティングシステム(OS)に従って，与えられる仕事を実行するためにスケジュールを立てる。コンピュータに，計算とかワープロとかユーザの目的である特定の仕事をさせるには，その手続きすなわち処理手順を記述したプログラムをコンピュータに入力しなければならない。このようなソフトウェアをアプリケーションソフトウェアという。OS はアプリケーションソフトウェアを実行させる上で最も重要な基盤を与えるもので，コンピュータの各装置を効率的にまた人間であるユーザが使いやすいようにするソフトウェアである。

コンピュータは入出力装置，CPU，記憶装置などから構成されているが，これらの装置は OS に従って，さまざまな仕事をする。アプリケーションを起動するのは OS であるが，OS も自分自身では起動できないため，電源が投入されると各処理装置やメモリなどの診断をした後でブートストラップローダが実行される。すなわちハードディスクに格納されていた OS をメインメモリに呼び出して，実行する。

コンピュータの動作を具体的に示すとつぎのようになる。

① 電源が投入されると，再書込みのできない読取り専用の不揮発性メモリ **ROM**（read only memory）に格納されている **IPL**（initial program loader）が起動されて，ハードディスクに格納されていた OS の主要部分がメインメモリに複写される。この操作を**ブートストラップ**（boot strap）といい，起動させることをブートするという[†]。

OS が実行されると，CPU はプログラムカウンタによってメモリのアドレスを指定し，そのアドレスに入っている命令を順次実行していく。例

[†] ブートストラップを直訳すれば長靴の付けひものことで，長靴などを履くときに手でつまんで履きやすくするために付けられたものである。転じて最初に何かを実行する，すなわち起動することを意味する。

えば，Cなどのプログラミング言語で書かれたプログラムをコンピュータに入れてみよう。キーボードなどから入れられたプログラムは一旦ハードディスクに格納される。実行命令によってこのプログラムはハードディスクからメインメモリに移され実行体制になる。すなわち実行されるプログラムはメインメモリに読み込まれるすなわちロード（load）されることになる。

② 入力されたプログラムのソースコードは，機械語に変換するコンパイラによって機械語に翻訳されてネイティブコードのオブジェクトファイルになる[†]。さらにプログラムの実行に必要とされる操作を加えて，実行可能な実行ファイルとして，メインメモリに置かれる。

③ メモリは1バイトを単位としてその場所を示す番号である番地，すなわちアドレスが定められているので，アドレスを指定して内容を読み出し，その内容に従ってプログラムはCPUで処理される。

　プログラムの命令は，「〇〇番地の内容と△△番のレジスタの内容とを加算し，☆☆番地に格納せよ」というような形で与えられるので，アドレスに付けられた番地を指定することによって，メインメモリにアクセスし，その内容を読み出したり，あるいは書き込んだりすることができる。

④ CPUは種々の処理を行う**算術論理演算装置**（arithmetic and logic unit；**ALU**）と，その処理の際に高速なアクセスが可能な一時的にデータを保持しておくメモリとなる，レジスタや制御装置などから構成されている。プログラムが起動されるとプログラムカウンタによって，実行可能ファイルの置かれているメモリの最初のアドレスから順々に実行ファイルの内容が呼び出され，その処理が行われる。

⑤ 実行結果のデータはプログラムによって指示された出力装置にバスと呼ばれる信号の伝送路によって送られる。

[†] ネイティブ（native）は土着のとか母国語の意味がある。コンピュータがわかる母国語は機械語であるので，機械語に翻訳されたプログラムをネイティブコードのプログラムという。なお，始めにプログラミング言語で作成されるプログラムのことをソースコードという。

3.3 チップセット

パソコンでは，CPU はマザーボードの上に置かれたチップセットに搭載されている。チップセットとは，CPU の周辺回路を搭載した LSI の集まりで，マザーボード上の異なる速度をもつバスの制御を目的とし，メモリインタフェースや **AGP**[†]（accelerated graphics port）などの制御回路が搭載されている。

チップセットの多くは，開発期間の差異や LSI の発熱条件などを考え，ノースブリッジとサウスブリッジと呼ばれる 2 チップ構成となっている。ノースブリッジは高速，サウスブリッジは低速な装置の制御に分けられていて，ノースブリッジには，CPU インタフェース，メモリインタフェース，AGP などが，サウスブリッジには，PCI，IDE，USB などの入力出インタフェースが搭載されることが多い。この二つのブリッジ間は，高速なインタフェースで接

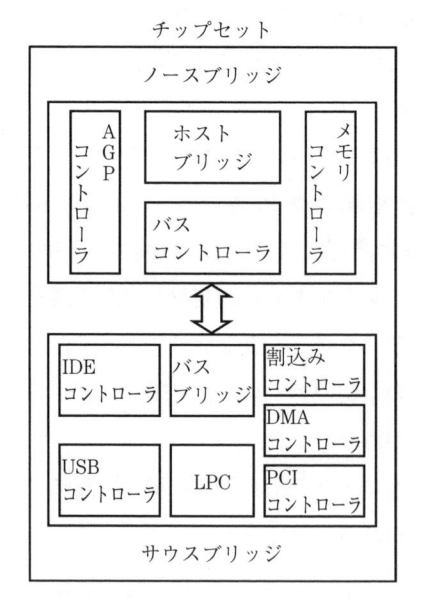

図 3.2 チップセットの構成例

[†] 高度な画像処理を実現する AGP は，グラフィックスアクセラレータとメインメモリ間の専用バスの規格。

続されることが要求される。**図 3.2** にチップセットの構成の例を示す。

CPU はホストブリッジによってメモリやビデオカードなどのローカルバスと接続しており，バスコントローラはサウスブリッジとの接続を担当している。また，**DMA**（direct memory access）コントローラは，CPU を介さずにメモリと入出力装置との間でデータの転送を実行する方式の装置で，転送時の CPU への負担をかけないため効率が高くなる。

3.4 高信頼性技術

3.4.1 システムの信頼性

コンピュータシステムは，きわめて重要な処理やデータの書込み・読出しなどの途中で異常や障害が生じてはならない。このような好ましくない事態を回避するためにさまざまな技術が開発されているし，信頼性の高い構成が実現されている。そのいくつかについて紹介しておこう。

（1）**デュアルシステム**　二重にしたシステムで同一の処理を行い，その結果の照合によって，処理の正しさを確認するシステムである。一方のシステムに障害が発生した場合は，もう一方だけで縮退運転を行い処理を継続するようなシステムのことである。

（2）**デュプレックスシステム**　常時用いているオンライン処理のシステムと，バッチ処理などは行うけれども通常は待機しているシステムとから構成されている。オンラインシステムに障害が発生した場合には，ただちにシステムが切り替えられるように構成されている。

（3）**クラスタリング**　複数のコンピュータを接続し，信頼度の高いシステムを実現している。一部のコンピュータで障害が発生しても，ほかのコンピュータに処理の代替をさせることで，全体システムの停止などを回避することを目的とした方式である。

（4）**コールドスタンバイ**　主従の 2 系統の処理装置を準備し，障害が発生した場合には従系のシステムで，主系のプログラムなどを起動し，処理を切

り替えて，システム停止を回避する方式のことである。

（5） **ホットスタンバイ**　コールドスタンバイとは異なり，両方とも同じように稼働させておき，障害が発生するとただちに待機系に処理が受け継がれる方式である。コールドスタンバイより信頼性は高いが種々の点でコストは高くなる。

（6） **ミラーリング**　ハードディスクを2重化し，同じ内容を書き込む仕組みで，データの信頼性が高くなる技術である。

3.4.2　信頼性の機能と仕組み

以上の方式はシステム全体の構成を考えたものであるが，つぎにその機能や仕組みについて説明しよう。

（1） **フォールトトレラント**（fault tolerant）　障害が発生しても，そのシステムに支障が生じることなく継続して運転させようとする仕組みである。

（2） **フェールソフト**（fail soft）　障害の発生に対して全面的な停止はしないで，必要最小限の機能を保ちながら処理を続けることができるようにする仕組みである。

（3） **フェールセーフ**（fail safe）　障害の発生に対してその影響がおよぶ範囲を最小限に抑え，システムの安全性を確保した後に停止することにより安全性を高める仕組みである。

（4） **フールプルーフ**（fool proof）　不特定多数の人がプログラムを利用する場合に発生するあらゆる操作ミスに対処しようとする考え方であって，ユーザが誤った操作を行わないようにするための方策のことである。

（5） **フォールバック**（fall back）　障害が発生しても，性能や機能を低下させて処理を続けられるようにしようとする仕組みで，縮退運転ともいう。障害が発生した際にその箇所を部分的に切り離し，システムの性能を落としても稼働を続ける機能のことである。例えば，モデムで通信を行っていて回線の状態が悪くなったときに，通信を中断するのではなく，通信速度を落として通信を続ける機能などがこれに相当する。

3.4.3 システム評価

コンピュータの評価方法には種々あり，その基準となるいくつかを1章で述べた。ここでは別の観点からの性能評価について紹介しておこう。

(1) **ターンアラウンドタイム**（turn-around time） データをシステムに入力してから，すべての結果が返ってくるまでの時間のことで，CPU時間，入出力時間および処理待ち時間の和で表される。

(2) **応答時間，レスポンスタイム**（response time） コンピュータに命令を送ってから，その応答が返ってくるまでの時間である。

(3) **スループット**（through put） コンピュータが単位時間内に処理可能な仕事の量で，トランザクションやジョブの数で表される。

(4) **TPS**（transaction per second） ネットワークにおけるデータ処理の性能評価に用いられ，1秒当りのトランザクション処理件数で表される。

3.5 CISC と RISC

コンピュータを設計するうえで最も大事なことは，まずどのような機構あるいは仕様をもつシステムを実現するかということで，コンピュータの**アーキテクチャ**（architecture）が同じだということはプログラムの互換性があるということを意味している。アーキテクチャの基本の一つは命令セットであって，したがって命令体系に応じて以下に述べるような **CISC**（complex instruction set computer）と **RISC**（reduced instruction set computer）とがある。

3.5.1 CISC

機械語よりレベルの低いマイクロ命令によって制御しようとする方式であるが，コンピュータの高度化に従って命令体系が複雑になり，処理速度を上げることが困難であるといわれている。例えば加算の場合，レジスタに入っている数にメモリに格納されている数を加えることが行われる。さらに場合によっては，演算結果をメモリに書き込むこともある。

3.5.2 RISC

　使用頻度の高い基本的な命令のみを使用する方式で，命令語長も一定にし，1クロックで実行するようにして処理速度を上げている．しかし，コンパイラなどのソフト側の負担が大きくなる難点もある．RISC方式のCPUは演算とメモリへのアクセスを一度に行う命令はもってなく，演算はすべてレジスタに入っているものだけである．CISCとRISCについて演算の様子をわかりやすく示すとつぎのようになる．

　・CISC命令　　レジスタ＋レジスタ→レジスタ
　　　　　　　　レジスタ＋メ　モ　リ→レジスタ
　　　　　　　　メ　モ　リ＋レジスタ→メ　モ　リ
　・RISC命令　　レジスタ＋レジスタ→レジスタ

　RISCでは最初にメモリに入っているデータをレジスタに読み出す，すなわちロードしておき，種々の演算をレジスタのみで行った後，その演算結果をメモリに書き込むすなわちストアするという手順で演算処理が行われる．このように演算命令が直接メモリにアクセスすることのない方式のことをロードストア構成といっている．このためRISCではCISCに比し，多数のレジスタを準備する必要がある．例えばCISCでは8個であるのに対し，RISCでは32個程度のレジスタをもっている．

　一般にメモリはデータの読出し書込みに時間がかかるため，レジスタの方がメモリを用いるより格段に処理が速くなるので，処理手順が多くても全体としてはRISCの方が高速となる．またその処理手順も単純でほとんどの命令を一定の長さ，例えば4バイト長に統一することができ，パイプライン方式などの高速化手法を取り入れやすくなる．さらに単純になった各命令をハードワイヤード方式という回路で実現することも可能で，種々の点から見てRISCの方が優れた構成であるといってよい．しかしながらCISCでも部分的にハードワイヤード方式を採用したりしてRISCに近づき，RISCもしだいに複雑化の方向をたどりつつありCISCに近づいている．

3.6 インタフェース

3.6.1 入出力装置インタフェース

入出力装置は，その装置を正常に動作させるための制御システムを提供する特有のデバイスコントローラを通してコンピュータに接続される。このとき，デバイスコントローラとコンピュータとの間は入力装置の種類に関係なくいくつかの接続方式がある。その方式にはつぎのようなものがある。

（1）パラレルインタフェース　データの送受信において複数の信号線を用いて複数のビット情報を同時に転送するのがパラレル転送方式である。コンピュータ内部のデータ転送は，基本的にパラレルであり，原理的には一度に多量のデータを転送できるという利点がある。しかし周辺機器の接続においては信号線も長くなり高速になると相互干渉などにより，むしろシングル転送のほうが速度が上がる場合もある。パラレルインタフェースを利用する代表的なデバイスはプリンタなどの低速な装置が多い。なお，パソコンに設置されているパラレルポートはLPTポートと呼ばれる。

　SCSI（small computer system interface）　ディスクを対象として，システムバスと接続

　Centronics　プリンタを対象として，8ビット単位のデータをパラレルに送受信

（2）シリアルインタフェース　データを1ビットずつ送受信する方式である。

　PS/2　マウスやキーボードの接続

　RS-232 C　コンピュータや端末を通信回線で接続するための形式で，モデムなどの接続

　USB（universal serial bus）　プリンタ，ハードディスクなどの接続

　IEEE 1394　おもに映像機器などを接続

　SATA　ハードディスクなど高速の機器の接続

50　　3. コンピュータの仕組み

3.6.2　コネクタ図記号

前項で述べたインタフェースと関連して，パソコンの背面には種々のコネクタが用意されている．**図 3.3** にその写真を示す．特に初心者がパソコン本体とモニタや入出力装置との接続を間違えないように，各コネクタの側には図記号が記されている．このようなコネクタ図記号を**表 3.1** にまとめて示しておいた．

図 3.3　パソコンのコネクタ写真

表 3.1　コネクタ図記号

	モニタ用の VGA コネクタ monitor		ヘッドホン，スピーカ headphone/speaker
	キーボード接続 keyboard		USB 機器接続 USB
	プリンタ接続 parallel/printer		外部モデム serial port
	マウス接続 mouse PS/2		ジョイスティック接続 joystick/MIDI
	マイクロホン接続 microphone		SCSI 機器接続 SCSI
	オーディオ入力 AUDIO IN		オーディオ出力 AUDIO OUT
	LAN ケーブル接続 network		電話線接続 telephone line
	電話機と接続 telephone set		他の端末接続 expansion bus

3.6.3　ユーザインタフェース

初期のパソコンにおいては，キーボードから文字を入力してコンピュータを

操作していたが，現在では画面上のメニューやアイコンをマウスでクリックすることによって同じような操作をすることができる。

アイコン（icon）とは図像の意味で，操作画面において処理の内容や対象を絵記号で表したものであり，マウスの左，右クリックで種々の操作ができる。このようにモニタ上で操作できるインタフェースを **GUI**（graphical user interface）という。GUI が最初に搭載された PC は 1983 年のアップル社の Lisa であったが，翌年発売されたマッキントッシュ（Macintosh）によって GUI は広く認知されるようになった。その後 Windows にも組み込まれ，ユーザにとってはきわめて強力なインタフェースとなっている。

ユーザはアイコンをポインティングデバイスのマウスなどでクリックしてやることによりコンピュータを操作できるし，このほかメニューのポップアップ，プルダウンやドロップダウンなどの機能があり，GUI はユーザにとってきわめて重要で不可欠な要素となっている。

上に述べたような代表的な機能をまとめて**表 3.2** に示しておく。

表 3.2 操作画面上のアイコン機能

名　　称	機　　　　能
メニュー	使用できる機能をまとめて一覧にしたもので，タイトル部分のクリックにより，その一覧表が出てくる。プルダウンメニューやポップアップメニューがある。いずれも特定部分のクリックによる操作時のみの表示であるので，画面上の領域を占めることはない。
ラジオボタン	操作画面に現れる小さな円状のボタンで，中の塗りつぶしにより意思表示とするが，複数の項目から一つ選択する機能で，他の項目の選択によりすでに選択されていた項目が自動的に解除される。
チェックボックス	操作画面でウィンドウ内に現れる小さな正方形で，複数の項目から一つ以上の選択ができるようにでき，チェック記号により諾否の意思表示をするのに使われる。
リストボックス	多数の選択項目がある場合に使用される複数項目の一覧を表示する短冊状の入力領域のことである。
コンボボックス	文字入力のためのテキストボックスとリストボックスを組み合わせたものである。多くのウェブブラウザの URL 表示部分はコンボボックスになっていて，アドレスの直接入力や，使用したアドレスの選択も可能である。

3.7 ディスプレイの種類

カラーディスプレイは表示画面の原理によっていくつかの種類がある。これらを簡単に説明しておこう。

（**1**）**陰極線管**（cathode ray tube；**CRT**）**ディスプレイ**　陰極線管はブラウン管とも呼ばれる。管内の電子銃から発射された電子ビームが蛍光物質を塗布した表示面に当たると発光することを利用したもので，電子ビームは管側面の電磁石によって制御され，曲げたり，走査することで映像が表示される仕組みになっている。このディスプレイは低価格であり，従来からテレビなどに用いられてきたが，消費電力も大きく，重量もあることからしだいにその利用が少なくなっている。

（**2**）**液晶ディスプレイ**（liquid cristal display；**LCD**）　電圧によって液晶分子は向きを変え，光の透過率が変わる。このことを利用し，反射光や画面背後からのバックライトによって，像を表示する仕組みである。液晶自体は発光しない。液晶ディスプレイには，**STN**（super twisted nematic）やDSTNなどの単純マトリックス方式と，**TFT**（thin film transister）などのアクティブマトリックス方式がある。前者の方が安価であるが，後者は，画面表示が鮮明で性能もよい。

液晶ディスプレイはCRTディスプレイやPDPなど他の表示装置に比べて薄くて軽いので，携帯用コンピュータや省スペースのデスクトップパソコンによく使われている。

（**3**）**PDP**（plasma display panel）　2枚のガラスの間にヘリウムやネオンなどの高圧のガスを封入し，そこに電圧をかけることによって発光させる表示装置である。発光する原理は蛍光燈と同じで，他の方式に比べてコントラストが高く，視野角が広いという特徴がある。高い電圧が必要なのでノートパソコンなどには向かないが，大形化が容易なことから壁掛けテレビなどへの応用が主である。

（**4**）**ELディスプレイ**（electroluminescence display）　電圧によって発光する化合物をガラス基板に蒸着し，5〜10 Vの直流電圧によって表示を行うディスプレイで，自ら発光し，低電力で高い輝度が得られ，応答速度，寿命などの点でも優れている。ELには発光体に無機物を用いる**無機EL**（inorganic EL）と有機物を用いる**有機EL**（organic EL）がある。前者はカラー表示が困難という問題があるが，後者はカラー化が容易で，無機ELよりずっと低い電圧で動作が可能となる特長をもっている。

（**5**）**電界放出ディスプレイ**（field emission display；**FED**）　CRTと原理は同じであるが，各画素ごとに電子放出部をもっている。蛍光体の部分は既存のブラウン管の技術がそのまま利用できる利点があり，動画性能や表現力は液晶ディスプレイよりもよく，薄形で大形化しやすい。PDPよりも低消費電力であるといわれている。このFEDの一種である**表面伝導形電子放出素子ディスプレイ**（surface-conduction electron-emitter display；**SED**）は低電圧で電子を取り出すことが可能であるので，薄形大画面モニタの本命ともいわれている。

演 習 問 題

【1】 つぎの英文字は何の省略形か。
　　　（a） CPU　（b） USB　（c） GUI　（d） WYSIWYG
　　　（e） SCSI

【2】 つぎのコネクタはパラレルインタフェースかまたはシリアルインタフェースか。それぞれPあるいはSの記号で答えよ。
　　　（a） RS-232 C　（b） SCSI　（c） USB　（d） PS/2
　　　（e） IEEE 1394

【3】 つぎの文中の括弧に後記の適当な言葉を入れよ。解答は記号で書け。ただし，後記の言葉には不要のものが一つだけ入っている。
　　　コンピュータは入出力装置，（　a　），記憶装置などから構成されており，これらの装置は（　b　）に従って，さまざまな仕事をしてくれる。電源が投入されると（　c　）やメモリの診断をした後ブートストラップローダが実行される。すなわち（　d　）に格納されていた（　b　）

をメインメモリに呼び出して，実行する。
　　ア　オペレーティングシステム　　イ　ハードディスク　　ウ　モニタ
　　エ　プロセッサ　　オ　CPU

【4】つぎの文中の括弧に後記の適当な言葉を入れよ。ただし解答は記号で書け。なお，後記の言葉は二度用いてもよい。

① RISC アーキテクチャは使用頻度の高い基本的な命令のみを使用する方式で，（　a　）は一定にし，1クロックで実行するので処理速度は（　b　）。

② プログラムをキーボードから入力し，（　c　）に入れると，（　d　）に翻訳されてネイティブ・コードの（　e　）ファイルになる。さらにプログラムの実行に必要とされる操作を加えて，実行可能な（　f　）として，メインメモリに置かれる。

③ 記憶装置は内部記憶装置と外部記憶装置に大別されるが，通常内部記憶装置には記憶容量は（　g　）けれどもアクセス時間の（　h　）ものが，外部記憶装置にはアクセス時間は（　i　）けれども記憶容量の（　j　）媒体が用いられる。

　　ア　実行ファイル　　イ　速い　　ウ　遅い　　エ　命令語長
　　オ　機械語　　カ　小さい　　キ　大きい　　ク　コンパイラ
　　ケ　オブジェクト

【5】コンピュータシステムによって単位時間当りに処理される仕事の量を表す用語はどれか。
　　ア　スループット　　イ　ターンアラウンドタイム　　ウ　リアルタイム
　　エ　レスポンスタイム

【6】周辺機器との接続インタフェースである IEEE 1394 と USB の両方に共通する特徴はどれか。
　　ア　機器の着脱は電源を入れたままでも可能である。
　　イ　最大転送速度が 400 bps である。
　　ウ　接続する機器ごとに重複しない ID を設定する必要がある。
　　エ　転送方式は高速パラレル転送である。

4 記号と演算

われわれが日常意識することなく用いている数は 10 進数である。すなわち 0, 1, 2, … と 1 ずつ増えて，9 のつぎは再び 0 に戻るとともに，つぎの一桁上の桁の数が 0 から 1 になる。すなわち 10 であり，以後 11, 12, 13, … となる。

コンピュータの中では 2 進数によって動作していることを前章で述べた。また，2 進数より桁数が少なくてすむ 16 進数も用いられていることを紹介した。以下，2 進数や 16 進数と 10 進数との関係を調べ，2 進数での演算処理の方法について考えていこう。

4.1　2 進数と 16 進数

2 進数は 0 と 1 の数字によって表記される。10 進数では 0～9 の数字で，また 16 進数では図 *4.1* に示すように 0～9 の数字の他に A～F の英文字が用いられる。図 *4.2* は 2 のべき乗を 10 進数で示したものである。

進数	使用英数字
2	0, 1
10	0, 1, 2, 3, 4, 5, 6, 7, 8, 9
16	0, 1, 2, 3, 4, 5, 6, 7, 8, 9, A, B, C, D, E, F

図 *4.1*　使用される英数字

例えば，2^8 は 256 であり，これは 8 ビットの情報には 256 の状態があることを示している。また，n ビットの情報には 2^n の状態があり，0～2^n-1 の 2 進数を表現できる。2^7 は 8 桁の 2 進数でつぎのように表される。

4. 記号と演算

$2^0=$	1		
$2^1=$	2	$2^{-1}=$	0.5
$2^2=$	4	$2^{-2}=$	0.25
$2^3=$	8	$2^{-3}=$	0.125
$2^4=$	16	$2^{-4}=$	0.062\ 5
$2^5=$	32	$2^{-5}=$	0.031\ 25
$2^6=$	64	$2^{-6}=$	0.015\ 625
$2^7=$	128	$2^{-7}=$	0.007\ 812\ 5
$2^8=$	256	$2^{-8}=$	0.003\ 906\ 25
$2^{10}=$	1\ 024	$2^{-10}=$	0.000\ 976\ 562\ 5
$2^{15}=$	32\ 768	$2^{-15}=$	0.000\ 030\ 517\ 578\ 125
$2^{16}=$	65\ 536	$2^{-16}=$	0.000\ 015\ 258\ 789\ 062\ 5
$2^{32}=$	4\ 294\ 967\ 296	$2^{-32}=$	0.000\ 000\ 000\ 232\ 830\ 643\ 653\ 869\ 628\ 906\ 25

図 4.2　2 の べ き 乗

$2^7=10000000$

右端から 2^0, 2^1, 2^2, 2^3, 2^4, 2^5, 2^6, 2^7 の桁となっている。したがって 8 桁の 2 進数を

$a_7\,a_6\,a_5\,a_4\,a_3\,a_2\,a_1\,a_0$　　（a_i は 0 または 1）

のように表すと上述の 10000000 は $a_7=1$, $a_0\sim a_6=0$ の場合である。

このことを理解するために 10 進数について考えてみよう。10 進数で 23\ 456 というのは実際にはつぎのことと同じである。

$23\ 456=2\times 10^4+3\times 10^3+4\times 10^2+5\times 10^1+6\times 10^0$

したがって，この考えを 2 進数 $a_7\,a_6\,a_5\,a_4\,a_3\,a_2\,a_1\,a_0$ に当てはめてみると，2 進数ではつぎのように表すことができる。

$a_7\times 2^7+a_6\times 2^6+a_5\times 2^5+a_4\times 2^4+a_3\times 2^3+a_2\times 2^2+a_1\times 2^1+a_0\times 2^0$

これは後述するように 2 進数と 10 進数の変換を行う際の基本的な関係を示すものである。またこのような表し方は 2 進数のみでなく，どのような進数の数でも同様である。例えば n 進数であればつぎのようになる。

$a_7\times n^7+a_6\times n^6+a_5\times n^5+a_4\times n^4+a_3\times n^3+a_2\times n^2+a_1\times n^1+a_0\times n^0$

図 4.3 は同様に 16 進数の場合を示したものである。図 4.4 には 2 進数，10 進数，16 進数をまとめて表しておいた。

図 4.4 から明らかなように 16 進数は 2 進数を 4 ビットごとに符号化すれば

$16^0=1$
$16^1=16$
$16^2=256$
$16^3=4\,096$
$16^4=65\,536$
$16^5=1\,048\,576$
$16^6=16\,777\,216$

$16^{-1}=0.062\,5$
$16^{-2}=0.003\,906\,25$
$16^{-3}=0.000\,244\,140\,625$
$16^{-4}=0.000\,015\,258\,789\,062\,5$
$16^{-5}=0.000\,000\,953\,674\,316\,406\,25$
$16^{-6}=0.000\,000\,059\,604\,644\,775\,390\,625$

図 4.3 16 のべき乗

2進数	10進数	16進数	2進数	10進数	16進数
00000000	00	00	00001101	13	0D
00000001	01	01	00001110	14	0E
00000010	02	02	00001111	15	0F
00000011	03	03	00010000	16	10
00000100	04	04	00010001	17	11
00000101	05	05	00010010	18	12
00000110	06	06	00010011	19	13
00000111	07	07	00010100	20	14
00001000	08	08	00011110	30	1E
00001001	09	09	00110010	50	32
00001010	10	0A	01100100	100	64
00001011	11	0B	11001000	200	C8
00001100	12	0C			

図 4.4 2, 10, 16 進数の関係

よいので，16進数と2進数の変換は容易である．例えば，10進数の 15 036 は2進数と16進数ではつぎのようになる．

  2進数 0011 1010 1011 1100

  16進数 3 A B C

16進数は2進数の4桁分，すなわち4ビットが一桁で表現されるので，明らかに16進数のほうが桁数が少なくなる．したがって，16進数での表記は2進数より見やすく，コンピュータ関係においてはよく使われる．

4.2　2進化10進符号

2進化10進符号（binary coded decimal code；**BCD**コード）とは，10進数字を表示するために，4桁の2進数によって0〜9の10進数字を表現する方

式である。すなわち，10進数の1桁は2進数の4桁に相当していることを利用した表現である。4桁の2進数を用いれば0～15の範囲を表すことができるが，実際には10～15の6個の2進数表示には用いられないので表現のむだとなってしまう。しかし簡便な方式として汎用コンピュータにはこのBCDが採用されている。

例）　BCD　　　0010 0000 0000 0101　　　0001 0010 0011 0100
　　　10進数　　　2　0　0　5　　　　　　1　2　3　4

4.3　ビットと数

2進数で表現される数は，8ビットでは256個の数であり，符号なしあるいは正整数であれば，0から255までの数を表すことができる。また，負数も考えることにすれば，表現できる数は-128から$+127$までである。4，8，16，32ビットの場合の表現可能な数を下に示しておく。

　4ビット　……　0～15　　　　　　　　　-8～7
　8ビット　……　0～255　　　　　　　　-128～127
　16ビット　……　0～65 535　　　　　　$-32\,768$～32 767
　32ビット　……　0～4 294 967 295　　$-2\,147\,483\,648$～2 147 483 647

このことから整数の場合には32ビットであれば10進数で10桁の数を表現できるし，64ビットであれば20桁程度までの数を表現できる。

つぎに実数について考えてみよう。実数の場合には，桁数や有効数字を表示する必要があり，浮動小数点表示と呼ばれる表示方法によって表される。例えば，3.14はつぎのようにいくつかの表現の方法がある。

$$3.14 = 3.14 \times 10^0 = 0.314 \times 10^1$$

また，567 000 000と0.000 000 567の表現方法を考えてみよう。これらの数は9桁で表示されているが，567 000 000や0.000 000 567よりも，つぎのように指数を用いて表現するほうが直感的でわかりやすい。

$$567\,000\,000 = 5.67 \times 10^8 \qquad 0.000\,000\,567 = 5.67 \times 10^{-7}$$

コンピュータでの内部表現は記憶装置への格納方法でもあり，$\pm f \times r^e$ のべき乗の形で表現される。ここで，f は仮数，r は基数，e は指数と呼ばれ，仮数は有効桁数の部分を，指数はべき乗の部分を表している。なお，10進数では基数 r は 10 である。

浮動小数点の形式には，IBM の汎用コンピュータで採用されたエクセス 64 と，現在標準となっている IEEE 形式とがある。前者では基数を 16，後者では 2 としている。ここでは，IEEE 形式について説明することにする。この形式では，32 ビットの場合，数字の正負を表す符号部を 1 ビット，指数部を 8 ビット，仮数部を 23 ビットとし，つぎのように表現する。

符号（1 ビット）| 指数（8 ビット）| 仮数（23 ビット）

このとき浮動小数点で表現される値はつぎのようになる。

$$(-1)^s \times 2^{e-127} \times (1+f)$$

符号を表す s は，$s=0$ のとき正，1 のとき負である。また指数部は 8 ビットであり，0～255 を表せるが，127 だけ偏らせて指数 e が 0 のとき -127，127 のとき 0，254 のとき 127 のようになるように表現することにしている。また，仮数についてはつねに 1.xxx の形に表現することにし，1 を省略して xxx だけを書くことにしている。このため 1 ビット分だけ省略できることになる。

例を示す。6.625 の場合はつぎのようになる。

6＝110（2進数）　　0.625＝0.101（2進数）

であるから，6.625 の 2 進数表現は 110.101 となる。これを IEEE 形式で表現すると 110.101＝1.10101×2^2 となる。したがって 32 ビットの場合，指数部は 2+127＝129＝1000 0001（2進数）となり，符号部，指数部および仮数部は，小数点以下のみを残してつぎのようになる。

0 | 1000 0001 | 101 0100 0000 0000 0000 0000

4.4 進数変換

(**1**) **2進数から10進数への変換**　　8桁の2進数を $a_7 a_6 a_5 a_4 a_3 a_2 a_1 a_0$ と

しよう。このとき $a_7 a_6 a_5 a_4 a_3 a_2 a_1 a_0$ はつぎのように表せるので，この表現に従って計算すれば10進数となる。

$$a_7 \times 2^7 + a_6 \times 2^6 + a_5 \times 2^5 + a_4 \times 2^4 + a_3 \times 2^3 + a_2 \times 2^2 + a_1 \times 2^1 + a_0 \times 2^0$$

例えば，8ビットの2進数で01100011を考えてみよう。このとき

$$a_7 = a_4 = a_3 = a_2 = 0, \qquad a_6 = a_5 = a_1 = a_0 = 1$$

であるので10進数はつぎのように計算すればよい。

$$2^6 + 2^5 + 2^1 + 2^0 = 99$$

小数点以下の数の2進-10進変換の場合も同様に計算すればよいのであるが，その例を示しておこう。

$$0. a_{-1} a_{-2} a_{-3} a_{-4} a_{-5} a_{-6} a_{-7} a_{-8}$$

はつぎのようにして計算すればよい。

$$a_{-1} \times 2^{-1} + a_{-2} \times 2^{-2} + a_{-3} \times 2^{-3} + a_{-4} \times 2^{-4} + a_{-5} \times 2^{-5} + a_{-6} \times 2^{-6}$$
$$+ a_{-7} \times 2^{-7} + a_{-8} \times 2^{-8}$$

例えば，2進数と10進数との関係はつぎのようになる。

2進数　　0.11001100

の場合，$a_{-1} = a_{-2} = a_{-5} = a_{-6} = 1$, $a_{-3} = a_{-4} = a_{-7} = a_{-8} = 0$ であるので10進数ではつぎのようになる。

10進数　　$2^{-1} + 2^{-2} + 2^{-5} + 2^{-6} = 0.5 + 0.25 + 0.03125 + 0.015625$
$$= 0.796875$$

（2）10進数から2進数への変換　　10進数を A とすると $A/2$ の商を $[A/2]$，余りを a_0, $[A/2]/2$ の商を $[[A/2]/2]$，余りを a_1, ……………, $[[[[[A/2]/2]/2]/2]/2]/2$ の商を $[[[[[(A/2)/2]/2]/2]/2]/2]$，余りを a_5 とすればよい。

例として10進数の99を2進数に変換してみよう。上に述べたような手順に従うと2進数として01100011が得られる。その手順をつぎに示しておく。

$$99 \div 2 = 49 \qquad 余り \quad 1 \quad (a_0)$$
$$49 \div 2 = 24 \qquad 余り \quad 1 \quad (a_1)$$
$$24 \div 2 = 12 \qquad 余り \quad 0 \quad (a_2)$$

4.4 進数変換

$12 \div 2 = 6$　　余り　0　(a_3)

$6 \div 2 = 3$　　余り　0　(a_4)

$3 \div 2 = 1$　　余り　1　(a_5)

$1 \div 2 = 0$　　余り　1　(a_6)

上に述べた手順で変換が行われることを10進数を例にして説明する。10進数 A をつぎのように表記する。

$$A = a_7 \times 2^7 + a_6 \times 2^6 + a_5 \times 2^5 + a_4 \times 2^4 + a_3 \times 2^3 + a_2 \times 2^2 + a_1 \times 2^1 + a_0 \times 2^0$$

$[A/2]$ の商 $= a_7 \times 2^6 + a_6 \times 2^5 + a_5 \times 2^4 + a_4 \times 2^3 + a_3 \times 2^2 + a_2 \times 2^1$
$\qquad\qquad + a_1 \times 2^0$ ……余り　a_0

したがって，末位の数 a_0 が得られる。この操作を続けていくと a_1, a_2, … が余りとして順次求まっていくことがわかる。

つぎに小数点以下の数について考えてみよう。10進数を B としたとき

$$B = a_{-1} \times 2^{-1} + a_{-2} \times 2^{-2} + a_{-3} \times 2^{-3} + a_{-4} \times 2^{-4} + a_{-5} \times 2^{-5} + a_{-6} \times 2^{-6} + a_{-7} \times 2^{-7}$$

$$2 \times B = a_{-1} \times 2^0 + a_{-2} \times 2^{-1} + a_{-3} \times 2^{-2} + a_{-4} \times 2^{-3} + a_{-5} \times 2^{-4} + a_{-6} \times 2^{-5} + a_{-7} \times 2^{-6}$$

したがって，$2 \times B \geq 1$ であれば，$a_{-1} = 1$ である。さもなければ，$a_{-1} = 0$ である。つぎに $2 \times B$ の小数点以下を $(2 \times B)$ とすれば

$$2 \times (2B - a_{-1} \times 2^0) = a_{-2} \times 2^0 + a_{-3} \times 2^{-1} + a_{-4} \times 2^{-2} + a_{-5} \times 2^{-3} + a_{-6} \times 2^{-4} + a_{-7} \times 2^{-5}$$

したがって，$2 \times (2B - a_{-1} \times 2^0) \geq 1$ であれば，$a_{-2} = 1$ である。さもなければ，$a_{-2} = 0$ である。以下同様にして求めていけばよい。すなわち，ある実数を x，その整数部を $[x]$，小数部を (x) と書くことにすると，小数点以下の10進数 B_0 を2進数に変換する手順はつぎのようになる。

$B_1 = (B_0 \times 2)$　　　　　　$B_2 = ((B_0 \times 2) \times 2)$

$B_3 = (((B_0 \times 2) \times 2) \times 2)$　　$B_i = ((\cdots (B_0 \times 2) \times 2) \cdots \times 2)$

$a_{-i} = [B_i]$

このような手順を10進数の 0.796 875 を例として示すとつぎのようになる。

$0.796\,875 \times 2 = 1.593\,75$　　$a_{-1} = 1$

$0.593\,75 \times 2 = 1.187\,5$　　$a_{-2} = 1$

$0.187\,5 \times 2 = 0.375$　　$a_{-3} = 0$

0.375×2　=0.75　　$a_{-4}=0$

0.75×2　=1.5　　$a_{-5}=1$

0.5×2　=1.0　　$a_{-6}=1$

4.5　負数と補数

　通常，負の数は負記号（－）を数字の前に付けて表わされる。2進数の場合はどのように表すのであろうか。コンピュータでの2進演算では0と1しかないので，負記号を用いることはできない。そのため負数を補数で表すことにしている。

　ある10進数 M とその負数である $-M$ とを加算すれば0になる。例えば

$$5+(-5)=0$$

である。この関係を2進数に当てはめてみよう。いま，10進数の5すなわち2進数で0101の場合は

$$0101+X=0000 \tag{4.1}$$

となるような X を見つければよい。ここで，$X=1011$ としてみると

$$0101+1011=10000 \tag{4.2}$$

となる。右辺を見るとわかるように，5ビット目が1になっているが，下4桁すなわち4ビットは0であり，この4ビットだけに注目すれば式(4.1)を満足していることがわかる。このことから1011を－5とするのである。

　このような表現を2の補数による表現と呼ぶ。なお，1の補数による表現は正数と負数の和が1111となるような表現方法であり，1の補数表現では－5は1010となる。すなわち1の補数に1を加えると2の補数になることがわかる。つぎに，10進数，2進数，2進数の2の補数と1の補数を列挙した。

10進数	2進数	10進数	2の補数	1の補数
1	= 0001	－1	= 1111	= 1110
2	= 0010	－2	= 1110	= 1101
3	= 0011	－3	= 1101	= 1100

4.5 負 数 と 補 数

$4 = 0100$　　$-4 = 1100 = 1011$
$5 = 0101$　　$-5 = 1011 = 1010$
$6 = 0110$　　$-6 = 1010 = 1001$
$7 = 0111$　　$-7 = 1001 = 1000$
$8 = 1000$　　$-8 = 1000 = 0111$

以上は4ビットの場合の表現であった。−5を8ビットと16ビットの場合に拡張すると，それぞれつぎのようになる。

　　　11111011,　　1111111111111011

したがってその表現は，ビット数に応じて変わっていくことに注意しておこう。

つぎに上述の負数の作り方について説明しよう。最初に各ビットの反転という操作について述べる。反転とはつぎのような操作で，$1\to 0, 0\to 1$とすることである。すなわち

　　　$a_3 a_2 a_1 a_0 = 1010$

を反転するとつぎのようになる。

　　　$c_3 c_2 c_1 c_0 = 0101 = 1111 - 1010$

上の例からもわかるように反転とは1の補数を求めることに相当する。この反転という操作を利用すると2進数の負数が容易に作れることを示そう。

ある正数を8ビットの2進数で $a_7 a_6 a_5 a_4 a_3 a_2 a_1 a_0$ としよう。このとき補数による負数を $b_7 b_6 b_5 b_4 b_3 b_2 b_1 b_0$ とすると，次式が成立するはずである。

　　　$a_7 a_6 a_5 a_4 a_3 a_2 a_1 a_0 + b_7 b_6 b_5 b_4 b_3 b_2 b_1 b_0 = (1)\ 00000000$

a_7 は0，b_7 は1であるから

　　　$0\ a_6 a_5 a_4 a_3 a_2 a_1 a_0 + 1\ b_6 b_5 b_4 b_3 b_2 b_1 b_0 = (1)\ 00000000$

である。したがって，つぎのようになる。

$$1\ b_6 b_5 b_4 b_3 b_2 b_1 b_0 = (1)\ 00000000 - 0\ a_6 a_5 a_4 a_3 a_2 a_1 a_0$$
$$= 100000000 - 00000001 + 00000001$$
$$- 0\ a_6 a_5 a_4 a_3 a_2 a_1 a_0$$
$$= 011111111 - 0\ a_6 a_5 a_4 a_3 a_2 a_1 a_0 + 00000001$$

ここで，$011111111 - 0 0 a_6 a_5 a_4 a_3 a_2 a_1 a_0$ において，i 桁目の数字は

$(1-a_i)$ であることがわかる。すなわち，a_i の 2 の補数となっている。したがって，ある正数の各ビットの 0, 1 を反転し，その結果に +1 すればよいことがわかる。例えば，10 進数の 135 は 8 ビットの 2 進数では 01000111 であるから，各ビットを反転させれば 10111000 であり，+1 すれば，10111001 となる。すなわち，-135 は 10111001 となる。ただし，小数の場合はいちばん末尾の桁に 1 を加える。

つぎに逆の場合すなわち負数から正数にする場合を考えてみよう。

$$0\ a_6 a_5 a_4 a_3 a_2 a_1 a_0 = (1)\ 00000000 - 1\ b_6 b_5 b_4 b_3 b_2 b_1 b_0$$
$$= 100000000 - 00000001 + 00000001$$
$$\quad -1\ b_6 b_5 b_4 b_3 b_2 b_1 b_0$$
$$= 011111111 - 1\ b_6 b_5 b_4 b_3 b_2 b_1 b_0 + 00000001$$

この場合も，反転して +1 すればよい。すなわち正数から負数を作る場合も，負数から正数を作る場合も同じ操作をすればよいことがわかる。

4.6 四 則 演 算

加減算は基本的な演算であるが，2 進数の加減算の場合も，通常われわれが行っている 10 進数の加減算と基本的には同じ操作によって計算が行われる。以下 2 進数と 10 進数の加算減算について例を示して説明していこう。

4.6.1 加　　算

加算の例を図 4.5 に示す。図 (a) は正の整数の場合であり，図 (b) は正の実数の場合である。図の左側には 2 進数の加算の方法を，右側には対応す

```
  0101 0101         85         0 1001.101         9.625
 +0001 0111        +23        +0 0101.011        +5.375
  0110 1100        108         0 1111.000        15.000
```

　　　　（a）整数の加算　　　　　　（b）実数の加算

図 4.5　加 算 の 手 順

る10進数の加算の方法を示しておいた．明らかに2進数でも10進数でも同じ加算方法であることがわかるであろう．

4.6.2 減　　　算

加算と同じように減算の例を図 4.6 に示す．

```
   0101 0101         85         0 1001.101        9.625
 − 0001 1010        −26       − 0 0110.111       −6.875
   0011 1011         59         0 0010.110        2.750
```

　　　　（a）　整数の減算　　　　　　　（b）　実数の減算

図 4.6　減算の手順

つぎのような10進数の減算を考えてみよう．
$$12\,345 - 9\,876 = 2\,469 \tag{4.3}$$

まず一桁目については，5から6を引くことはできないので，上の桁から1を借りてきて15−6とし，9を求める．2桁目は，本来は4−7であるが，一桁目に1を貸しているので3−7となるが，このままでは引き算できないため，再度上の桁から1を借りてきて，13−7とし，6を求める．以下同様にして上の桁から1を借りてくるという手順で引き算を進めていく．この「借りてくる」という操作は煩わしいし，それほど容易ではない．それゆえ，式 (4.3) の減算をつぎのように書き直してみよう．

$$\begin{aligned}
12\,345 - 9\,876 &= 12\,345 - 9\,876 + 9\,999 - 9\,999 \\
&= 12\,345 + (9\,999 - 9\,876) - 10\,000 + 1 \\
&= 12\,345 + 123 - 10\,000 + 1 \\
&= 12\,468 - 10\,000 + 1 \\
&= 2\,469
\end{aligned} \tag{4.4}$$

このようにすれば，引き算の過程で上の桁から1を借りてくるという操作はなくなり，元の減算は加算だけで行える．その理由は4桁の数で最も大きな数9999を導入することによって計算が容易になったわけである．式 (4.4) において 9999−9876＝123 を 9876 の9の補数という．また 10000−9876

=9999−9876+1=124 を 10 の補数と呼んでいる。

2進数における補数も10進数と同じように考えればよい。**図 4.7** に示す例を用いて2進数の場合の加算による減算を説明しよう。

```
    0101 0101           85         0 1001.101        9.625
   +1110 0110          −26        +1 1001.001       −6.875
   ─────────        ─────       ───────────      ───────
 (1) 0011 1011          59      (1) 0 0010.110       2.750
```

　　　　　(a) 整数の計算　　　　　　　　　(b) 実数の計算

図 4.7　加算による減算

10進数の場合，8ビットの2進数ではつぎのようになる。

$(85-26)_{10} = (01010101 - 00011010)_2$

なお下つき数字はそれぞれ10，2進数を表す。

この減算をつぎのように変形すると容易に加算ができることがわかる。

01010101−00011010

=01010101−00011010+11111111−11111111

=01010101+(11111111−00011010−100000000+1)

=01010101+(11111111−00011010+1)−100000000

=01010101+(11100110)−100000000

=00111011　　　　　　　　　　　　　　　　　　　　(4.5)

式(4.5)において 11100110=(11111111−00011010+1) は10進数26の2進数表示であり，2の補数で−26を表している。また 11100101=(11111111−00011010) は同じく1の補数である。このように2の補数による負数の表現を用いると計算が容易になるのは，2進数でも10進数でも同じである。整数と同様実数においても加算によって減算をすることができる。

図4.7に整数計算と実数計算の例を示す。図(b)は

$(9.625-6.875)_{10} = (01001.101 - 00110.111)_2$

のような減算であるが，これはつぎのように変形することができる。

01001.101−00110.111

=01001.101+(11111.111−00110.111−11111.111)

$$=01001.101+(11111.111-00110.111-10000.000+0.001)$$
$$=01001.101+(11111.111-00110.111+0.001-10000.000)$$
$$=01001.101+(11001.000+0.001-10000.000)$$
$$=01001.101+11001.001-10000.000$$
$$=100010.110-10000.000$$
$$=00010.110=2.750_{10}$$

したがって 6.875_{10} すなわち 00110.111 の負数は 11001.001 である.整数部と小数部に分けて負数を求めてもよいし,一度に求めてもよい.上式に示した変換は一度に求める方法を示したものである.

4.6.3 乗　　　算

図 4.8 に 2 進数と 10 進数の乗算の例を示す.明らかに乗算の手順は同じであるが,10 進数の場合には一桁の掛け算のルールである九九を用いているのに対し,2 進数の場合には被乗数 1111 の桁をずらして加算するだけでよいことがわかる.

```
      1111              15
    ×1101             ×13
    ─────           ─────
      1111              45
    11 11            +15
   +111 1            ─────
   ──────             195
   1100 0011
```

　　　（a）　2 進数計算　　　（b）　10 進数計算

図 4.8　乗 算 の 手 順

実際のコンピュータでは 15 を 13 回加算する方法でも計算している.

4.6.4 除　　　算

図 4.9 に 2 進数と 10 進数の除算の例を示す.明らかに除算の手順は同じであるが,2 進数の場合には除数 1010 の桁をずらして減算することになる.
実際にコンピュータでの除算は引算によって行われる.例えば,$195 \div 9$ は

68   4. 記号と演算

```
            1 0101
     1001)1100 0011              21
          1001               9)195
           11 00               18
           10 01               15
            1111                9
            1001                6
             110…余り
```

(a) 2進数計算   (b) 10進数計算

図4.9 除算の手順

つぎに示すように，195から9をつぎつぎと引き算していくことで商と余りが求められる。

$$195-9-9-\cdots\cdots-9=6$$

この場合は21回引くと6となり，これ以上引けなくなる。したがって，商が21で，余りが6になる。

4.7 誤　　差

加減算などコンピュータの処理においては，種々の誤差が発生することがあり，その原因を知っておかなければ大きな誤りを生むことにもなってしまう。以下種々の誤差とその原因について述べる。

(1) 丸め誤差　　数値が切捨て，切上げ，4捨5入など下位の桁が削られてしまうことによる誤差のことである。

(2) 打切り誤差　　数値の表現には桁数に制限があり，表現できる最小の桁より小さい部分は4捨5入，切上げまたは切捨てによって計算が途中で打ち切られてしまうことによる誤差のことである。

(3) 情報落ち誤差　　絶対値の非常に大きな数と非常に小さな数とを加減算する場合に，小さい数が計算結果にほとんど反映されないことによる誤差のことで，絶対値の小さなほうから順に計算していくことによって避けられる。

(4) 桁落ち誤差　　値がほぼ等しい浮動小数点数同士の減算において，有

効桁数が大幅に減ってしまうことで生じる誤差である。

（5）**オーバフロー**　演算結果が，コンピュータで表現できる最大の数値を超えてしまうことによって生じる誤差のことである。また，最小の数より小さくなる場合も誤差となり，アンダフローという。

演 習 問 題

【1】 2ビットで表される数は，00，01，10，11の4数字である。8ビット，16ビットではいくつの数が表されるか。

【2】 つぎの16ビットの2進数について設問に答えよ。
　　　0100 0101 0111 1011
　① 10進数に変換せよ。
　② 16進数に変換せよ。
　③ 変換した16進数を10進数に変換し，①の結果を確かめよ。

【3】 つぎの2進数を10進数に変換せよ。
　① 0.0101　　② 0.1011

【4】 つぎの10進数を8ビットの2進数に変換せよ。
　① 90　　② −37

【5】 10進数で105−91を8ビットの2進数の加算で計算せよ。

【6】 10進数の5.125と6.75を2進数に変換し，その和を2進数で示せ。

【7】 2進数AとAの各ビットを反転した数を加算するとどうなるか答えよ。

【8】 10進数の演算式9÷16の結果を2進数で表したものはどれか。
　ア　0.1111　　イ　0.1010　　ウ　0.1001　　エ　0.01001

【9】 実数$a = f \times r^e$と表す浮動小数点表記に関する記述として，適切な組合せはどれか。

	e	f	r
ア	指数	仮数	基数
イ	基数	指数	仮数
ウ	仮数	指数	基数
エ	基数	仮数	指数

【10】 2進数の浮動小数点表示で，誤差を含まずに表現できる10進数はどれか。
　ア　0.1　　イ　0.2　　ウ　0.3　　エ　0.5

5 論理回路

コンピュータは多くの種々なディジタル回路から構成されている。ディジタル回路に用いられる素子は真空管からトランジスタへ，さらに集積回路へと進展してきた。現在では超大規模な集積回路が用いられている。ディジタル回路の基本は否定，論理和および論理積の3種類の回路である。まず基本的な回路の原理や動作を調べ，これらを組み合わせてコンピュータの演算処理を行うような回路の構成を考察し，コンピュータの要素としての働きを調べていこう。

5.1 トランジスタ

トランジスタは電子回路の基礎となる能動素子で，20世紀最大の発明の一つといわれている[†]。1951年にベル研究所で，**ショックレー**（W. B. Shockley），**ブラッテン**（W. Brattain），**バーディーン**（J. Bardeen）によって発見発明された。ゲルマニウムやシリコンは半導体であるが，これにリンやヒ素などの微量の不純物を加えるとn形半導体が，またホウ素やインジウムを加えるとp形半導体になる。p形とn形の半導体を接合すると一方向にしか電流が流れない性質があり，これを利用してトランジスタを作ることができる。以下では実際のディジタル回路に用いられているトランジスタを，簡単に紹介することに

[†] 1945年ショックレーが点接触形ゲルマニウムトランジスタを，1947年にブラッテンとバーディンが点接合形のトランジスタを発明した。
　　トランジスタはショックレーによって1948年に命名された言葉で，transfer +resister（電子が移動する抵抗素子）ということで名付けられた。

5.1 トランジスタ **71**

しよう。

（**1**）**バイポーラトランジスタ**（bipolar transistor）　バイポーラトランジスタとは，図 5.1（a）に示すように n 形と p 形の半導体を npn や pnp のようにサンドイッチ状に接合したトランジスタである。前者を npn 形，後者を pnp 形のトランジスタという。

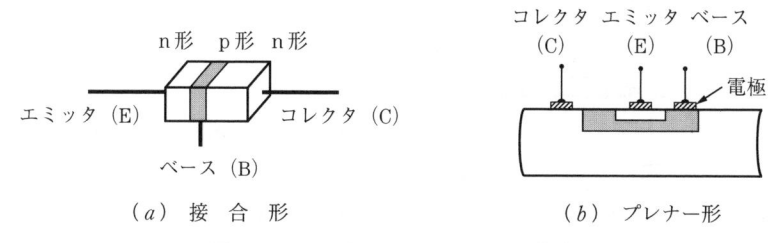

```
        n形 p形 n形                コレクタ エミッタ ベース
                                    (C)   (E)   (B)
エミッタ(E)     コレクタ(C)                           電極
       ベース(B)
   (a) 接合形                     (b) プレナー形
```

図 5.1　バイポーラトランジスタの構造

npn 形のトランジスタでは，両端の n 形半導体をエミッタ（E），コレクタ（C），p 形半導体の部分をベース（B）として，エミッタからコレクタに電流を流すとき，この電流はベースに流す電流によって制御することができる。これがトランジスタの動作原理である。

図 5.2 に npn 形と pnp 形のトランジスタの記号を示しておく。1959 年に**ホエニー**（J. Hoerni）によって図 5.1（b）に示すような平面構造をもつプレナー形トランジスタが発明されてから **IC**（integrated circuit）の製造に大きな貢献を果たしてきた，バイポーラトランジスタを組み合わせて構成した論理回路のことを **TTL**（transistor-transistor logic）という。

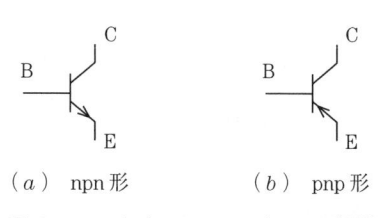

```
      C                    C
   B─┤                  B─┤
      E                    E
  (a) npn 形           (b) pnp 形
```

図 5.2　バイポーラトランジスタの記号

5. 論理回路

(2) MOS FET (metal oxide semiconductor field effect transistor)

MOS FET にはp形基板上にn形領域を形成させているnMOSと，n形基板上にp形領域を形成させているpMOSとがある．MOS FET はバイポーラトランジスタに比べると電力消費が少なく集積度を高くすることができるので，集積回路に適している．図 5.3 に nMOS FET の構造を示す．

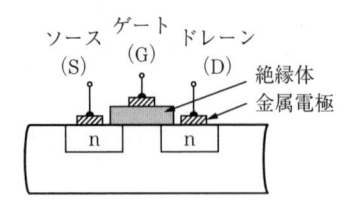

図 5.3 nMOS FET の構造

MOS FET には図に示すように，**ソース** (S：source)，**ゲート** (G：gate)，**ドレーン** (D：drain) とよばれる三つの端子があり，nMOS ではゲート - ソース間に正の電圧が加わるとソースからドレーンに電流が流れる．pMOS ではゲートに負の電圧が加わるとドレーンからソースへ電流が流れる．

MOS FET の記号と動作を図 5.4 に示す．この図からもわかるように nMOS と pMOS はちょうど逆の動作をする．そのため nMOS と pMOS とを組み合わせると相補的に動作させることができる．この回路は **CMOS** (complimentary MOS) といわれ，集積回路によく使われている．

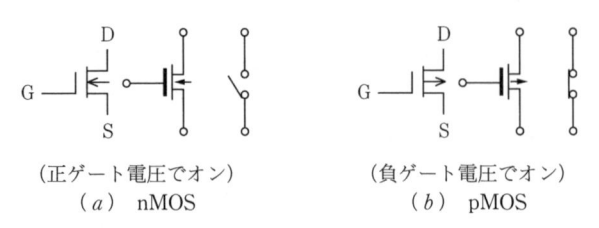

(正ゲート電圧でオン) (負ゲート電圧でオン)
(a) nMOS   (b) pMOS

図 5.4 MOS FET の記号と動作

図 5.5 に CMOS による否定回路を示しておく．図 5.5 において入力 x が 0 (低電圧) であれば，下段の nMOS は絶縁状態で上段の pMOS は導通状態であるため，出力点では図 (b) のようになり，出力値の f は 1 (高電圧) となる．また，入力 x が 1 (高電圧) のときには，出力値は 0 (低電圧) となる．

5.2 論 理 回 路　73

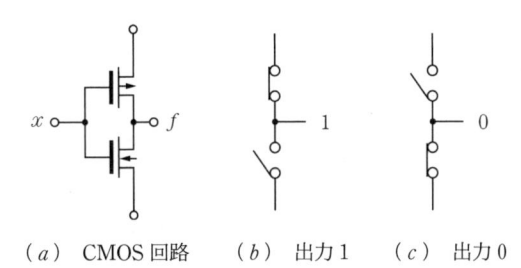

(a) CMOS 回路　　(b) 出力 1　　(c) 出力 0

図 5.5　CMOS による否定回路

　集積回路は一つのチップに含まれるトランジスタの個数に応じて，**表 5.1**に示すように，IC，**LSI**（large scale integration），**VLSI**（very large scale integration），ULSI などがある。

表 5.1　種々の集積回路

略 称	種 類	トランジスタ	用　　途
IC	集積回路	10 ～1 K 個	フリップフロップ
LSI	大規模 IC	10 K ～100 K 個	マイクロプロセッサ
VLSI	特大規模 IC	100 K～1 M 個	マイクロプロセッサ，メモリ
ULSI	超特大規模 IC	1 M 個～	マイクロプロセッサ，メモリ

5.2　基本的な論理回路

　コンピュータの内部は 2 進数あるいは 2 進コードで動作しているので，論理回路から構成されているが，ここでは基本的な論理とその回路について述べることにする。演算に用いられる基本的な論理は**否定**（NOT：negation），**論理和**（OR：logical sum），**論理積**（AND：logical product）の三つである。
　このほかの論理演算には**排他的論理和**（XOR：exclusively OR），**否定-論理和**（NOR：NOT-OR）や**否定-論理積**（NAND：NOT-AND）などがあるが，これらはいずれも NOT，OR，AND の 3 論理から構成できる。またあらゆる論理演算も NOT，OR，AND の 3 論理から構成できることが証明されている。
　図 5.6 に基本の 3 論理である否定，論理和，論理積および排他的論理和の

74　5. 論 理 回 路

x	f
0	1
1	0

$f = \bar{x}$

（a）否　定
（NOT）

x	y	f
0	0	0
0	1	1
1	0	1
1	1	1

$f = x + y$

（b）論理和
（OR）

x	y	f
0	0	0
0	1	0
1	0	0
1	1	1

$f = x \cdot y$

（c）論理積
（AND）

x	y	f
0	0	0
0	1	1
1	0	1
1	1	0

$f = x \oplus y$
$= x \cdot \bar{y} + \bar{x} \cdot y$

（d）排他的論理和
（XOR）

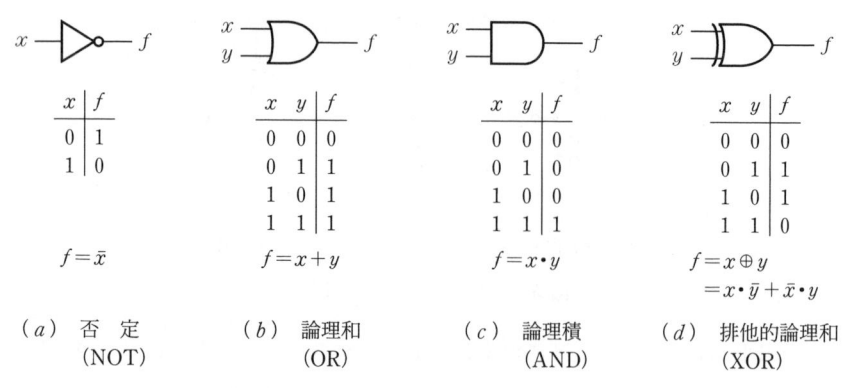

図 5.6　基本の3論理と排他的論理和

基本論理の回路図，真理値表，演算記号を示す。x, y と出力 f の関係を記した図 5.6 に示したような表を真理値表という。なお，論理和と論理積の正式の記号はそれぞれ $\vee$，$\wedge$ であるが，本書では間違いのない限り直感的にわかりやすい通常の数学で用いられている和と積の記号「+」，「・」を使うことにする。また，否定では $\bar{x}$ のほかに $\neg x$ や $\tilde{x}$ が使われることもある。排他的論理和は加算回路などによく用いられ，否定，論理和および論理積によって表すこともできる。

図 5.7 に示す論理は集積回路などによく使われる組合せ回路である。図 5.7 の論理回路の中の丸印は否定を意味している。図 5.8 に NOR と NAND の例を示しておく。これらは基本の論理回路の組合せで表すことがで

x	y	f
0	0	1
0	1	1
1	0	1
1	1	0

$f = \overline{x \cdot y}$
$= \bar{x} + \bar{y}$

（a）否定-論理積
（NAND）

x	y	f
0	0	1
0	1	0
1	0	0
1	1	0

$f = \overline{x + y}$
$= \bar{x} \cdot \bar{y}$

（b）否定-論理和
（NOR）

x	y	f
0	0	1
0	1	1
1	0	1
1	1	0

$f = \bar{x} + \bar{y}$
$= \overline{x \cdot y}$

（c）否定-論理積
（NAND）

x	y	f
0	0	1
0	1	0
1	0	0
1	1	0

$f = \bar{x} \cdot \bar{y}$
$= \overline{x + y}$

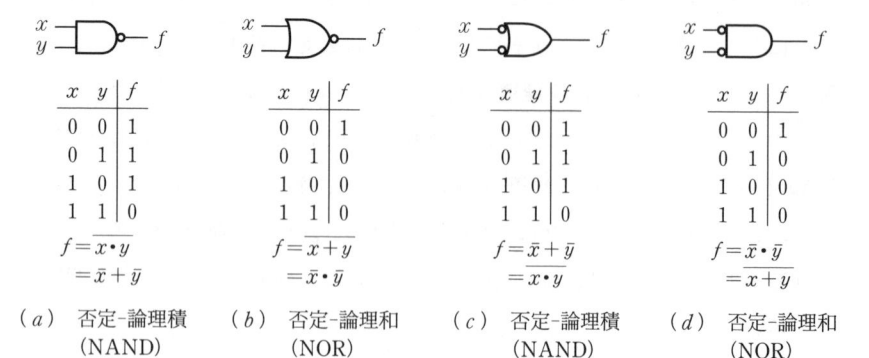

（d）否定-論理和
（NOR）

図 5.7　その他の論理

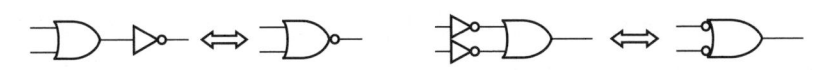

図 5.8　省略型の回路記号

きるが，省略型の回路記号で表すのが一般である。

NOR や NAND からは，それだけの回路から NOT, OR, AND などを作ることができるので，あらゆる論理回路はこの NOR や NAND だけで実現可能であることがわかる。集積回路はその特性上，種々の異なる回路を用いるより同じ種類の回路だけで作るほうが容易なので，NOR や NAND を中心に設計されることが多い。なお，図 5.9 には NOR による例を示したが，同様に NAND による回路も容易に実現できる。

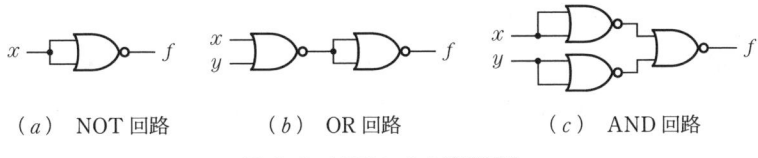

(a)　NOT 回路　　(b)　OR 回路　　(c)　AND 回路

図 5.9　NOR による論理回路

5.3　論 理 関 数

前節では基本的な論理について述べたが，論理関数はこれらの基本演算によって記述される。その論理演算にはよく知られたいくつかの法則があり，代表的なものを図 5.10 に示す。

可 換 則	$x \cdot y = y \cdot x$	$x + y = y + x$
結 合 則	$(x \cdot y) \cdot z = x \cdot (y \cdot z)$	$(x + y) + z = x + (y + z)$
分 配 則	$x \cdot (y + z) = x \cdot y + x \cdot z$	$x + y \cdot z = (x + y) \cdot (x + z)$
べき等則	$x \cdot x = x$	$x + x = x$
	$1 \cdot x = x$	$0 + x = x$
	$0 \cdot x = 0$	$1 + x = 1$
吸 収 則	$x + x \cdot y = x$	$x \cdot (x + y) = x$
	$x \cdot \bar{x} = 0$	$x + \bar{x} = 1$
ド・モルガン則	$\overline{x \cdot y} = \bar{x} + \bar{y}$	$\overline{x + y} = \bar{x} \cdot \bar{y}$
二重否定	$\bar{\bar{x}} = x$	

図 5.10　論理演算の基本法則

76　5. 論　理　回　路

あらゆる回路は NOR のみによって実現可能であることを示したが，論理演算の基本法則を用いると容易にこのことを導き出すことができる．すなわち，論理変数 x_1, x_2, x_3, $\cdots$, x_n の任意の論理関数 $f(x_1, x_2, x_3, \cdots, x_n)$ を同定することは困難であるが，任意の関数は NOT，OR，AND の三つの演算で表現できることが証明されていることを利用する．したがって，NAND あるいは NOR のみで NOT，OR，AND を表現できれば，NAND あるいは NOR のみで任意の関数を作ることができることになる．以下 NAND を用いた導き方を示す．

NAND：$f(x, y) = \overline{x \cdot y}$

否　定：$\bar{x} = \overline{x \cdot x} = f(x, x)$

論理和：$x + y = \overline{\bar{x} \cdot \bar{y}} = \overline{f(x, x) \cdot f(y, y)} = f(f(x, x), f(y, y))$

論理積：$x \cdot y = \overline{\overline{x \cdot y}} + \overline{x \cdot y} = \overline{\overline{x \cdot y}} + \overline{\overline{x \cdot y}} = \overline{\overline{x \cdot y} \cdot \overline{x \cdot y}}$
　　　　　　$= \overline{f(x, y) \cdot f(x, y)} = f(f(x, y), f(x, y))$

5.4　加　算　器

一桁の 2 進数の加算を考えてみよう．被加数を a，加数を b，結果を s とすると，下の桁からの繰上りを考えない場合，**表 5.2** に示すような四つの場合がある．c は演算の結果，上の桁への繰上りである．

表5.2　半加算器の出力

$a \oplus b =$	s	c
$0 + 0 =$	0	0
$0 + 1 =$	1	0
$1 + 0 =$	1	0
$1 + 1 =$	0	1

← 2 進数では 10 となるので，繰上りは 1 となる

すなわち出力 s は排他的論理和となるし，もう一つの出力 c は論理積となっている．したがって 2 進数の基本的な加算回路は**図 5.11**（a）に示すように，排他的論理和と論理積から構成されることがわかる．図（a）の回路は排

5.4 加算器

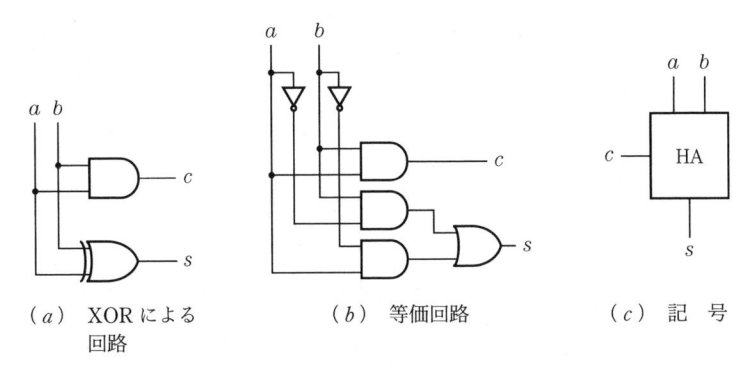

(a) XORによる回路   (b) 等価回路   (c) 記号

図 5.11 半加算回路

他的論理和を用いているが，図 (b) に示すように，否定，論理積，論理和を組み合わせて作ることもできる．

表 5.2 に示す演算を論理関数で書くとつぎのようになる．

$$s = a \oplus b = a \cdot \bar{b} + \bar{a} \cdot b = (a+b) \cdot (\bar{a}+\bar{b})$$

しかし末位の桁以外では，下の桁からの桁上り c' があるはずである．この意味で図 5.11 に示す回路は $c'=0$ の場合であり，**半加算器**（half adder；**HA**）と呼ばれる．これに対して，**図 5.12** に示すように下位からの桁上りも考慮した加算器を**全加算器**（full adder；**FA**）と呼ばれる．全加算器では，下の桁からの桁上り c' を考えると，その和 s と桁上り c はつぎのようになる．

$$s = a \oplus b \oplus c', \qquad c = a \cdot b + b \cdot c' + a \cdot c'$$

下位桁からの桁上り c' が 1 の場合の演算結果を**表 5.3** に示す．

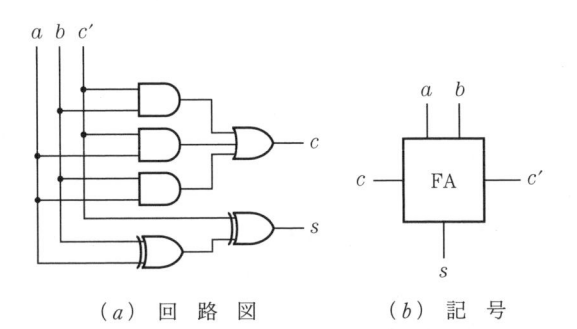

(a) 回路図   (b) 記号

図 5.12 全加算回路

表 5.3 全加算器の出力

$a \oplus b \oplus 1 =$	s	c
$0+0+1=$	1	0
$0+1+1=$	0	1
$1+0+1=$	0	1
$1+1+1=$	1	1

78　5. 論 理 回 路

図 5.12 に示した加算器は一桁の加算であり，多数桁の加算の場合は全加算器を複数並べてやればよい．$n+1$ 桁の場合を図 5.13 に示す．ただし，図 5.13 の回路は $y=0$ の場合は加算器となるが，$y=1$ の場合は減算器となる．このことを以下に説明する．

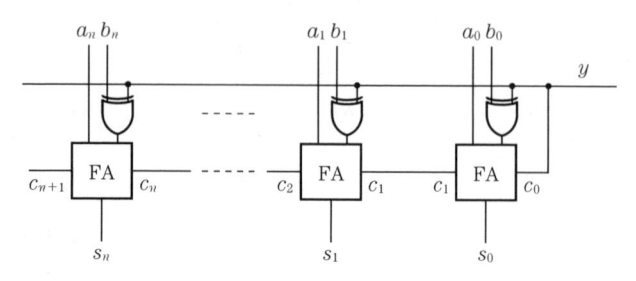

図 5.13　$n+1$ 桁の加減算器

前述のように，負数の補数表現を用いることにより，減算は加算操作によって実現できる．負数の補数表現をするには各ビットの 0，1 を反転して $+1$ を加えればよい．すなわち，全加算器に，図 5.14 に示すような排他的論理和を用いて入力すると，表 5.4 に示すように，$y=0$ の場合は，$z=b$ となり，$y=1$ の場合は，$z=\bar{b}$ となる．したがって，$y=0$ であれば加算動作，また $y=1$ のときは b が反転され，さらに $+1$ されるので，減算動作となる．

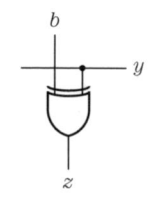

図 5.14　加減算切替えの原理

表 5.4　入出力の関係

b	y	z
0	0	0
1	0	1
0	1	1
1	1	0

5.5　組 合 せ 回 路

論理素子を組み合わせて種々な回路を構成することができるが，このような

組合せ回路（combinational circuit）は入力が定まるとその出力も一意に定まるような論理回路のことである．前節で述べた加算回路は組合せ回路である．組合せ回路においては出力が現時点での入力のみで定まり，過去の動作の影響を受けない．本節では組合せ回路のいくつかを紹介する．

5.5.1 デコーダ

コンピュータの内部では 2 進数で演算処理されるが，外部すなわち人間に対しては 10 進表示に変換しなければならない．このように変換することを符号化といい，その逆を復号化というが，符号化したり復号化する回路がディジタル回路ではしばしば用いられる．前者を**符号器**（encoder），後者を**復号器**（**デコーダ**；decoder）という．

表 5.5 は 10 進数と 2 進数との関係およびその符号化法を表したものである．10 進数の 0〜9 は 4 ビットの 2 進数 $b_3 b_2 b_1 b_0$ によって表 5.5 の符号化法 A のように表される．実際には，10 進数は一桁の 9 までであり，10〜15 は使わないので，符号化法 B のようにより簡単に記述できる．例えば，$N=8$，9 の場合のみ b_3 が 1 であり，8 と 9 を区別するのは b_0 の値である．すなわち，8 と 9 の表示は b_3 と b_0 のみで表現できる．同様に 2 と 3 の表示では B 欄の $\overline{b_3}$ はなくてもよい．このような復号回路を示すと図 5.15 のようになる．

表 5.5　10 進数，2 進数および符号化法

10 進数	2 進数	符号化法	
N	$b_3\,b_2\,b_1\,b_0$	A	B
0	0 0 0 0	$\overline{b_3}\cdot\overline{b_2}\cdot\overline{b_1}\cdot\overline{b_0}$	$\overline{b_3}\cdot\overline{b_2}\cdot\overline{b_1}\cdot\overline{b_0}$
1	0 0 0 1	$\overline{b_3}\cdot\overline{b_2}\cdot\overline{b_1}\cdot b_0$	$\overline{b_3}\cdot\overline{b_2}\cdot\overline{b_1}\cdot b_0$
2	0 0 1 0	$\overline{b_3}\cdot\overline{b_2}\cdot b_1\cdot\overline{b_0}$	$\overline{b_2}\cdot b_1\cdot\overline{b_0}$
3	0 0 1 1	$\overline{b_3}\cdot\overline{b_2}\cdot b_1\cdot b_0$	$\overline{b_2}\cdot b_1\cdot b_0$
4	0 1 0 0	$\overline{b_3}\cdot b_2\cdot\overline{b_1}\cdot\overline{b_0}$	$b_2\cdot\overline{b_1}\cdot\overline{b_0}$
5	0 1 0 1	$\overline{b_3}\cdot b_2\cdot\overline{b_1}\cdot b_0$	$b_2\cdot\overline{b_1}\cdot b_0$
6	0 1 1 0	$\overline{b_3}\cdot b_2\cdot b_1\cdot\overline{b_0}$	$b_2\cdot b_1\cdot\overline{b_0}$
7	0 1 1 1	$\overline{b_3}\cdot b_2\cdot b_1\cdot b_0$	$b_2\cdot b_1\cdot b_0$
8	1 0 0 0	$b_3\cdot\overline{b_2}\cdot\overline{b_1}\cdot\overline{b_0}$	$b_3\cdot\overline{b_0}$
9	1 0 0 1	$b_3\cdot\overline{b_2}\cdot\overline{b_1}\cdot b_0$	$b_3\cdot b_0$

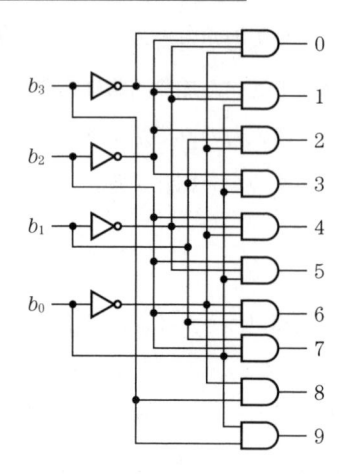

図 5.15 復号回路

5.5.2 マルチプレクサ

マルチプレクサ（multiplexer）は入力選択回路とも呼ばれ，制御信号によっていくつかの入力を選択するような回路である。**データセレクタ**（data selector）ともいう。

図 5.16 に示す回路の動作を考察してみよう。$x=0$ の場合には上側の AND 回路の出力は 0 となり，下側の AND 回路の出力は b となる。また，$x=1$ の場合には上側の AND 回路の出力は a となり，下側の AND 回路の出力は 0 となる。その結果，出力 f は制御信号の x の値によって a または b となることがわかる。この動作を論理式で書くとつぎのようになる。

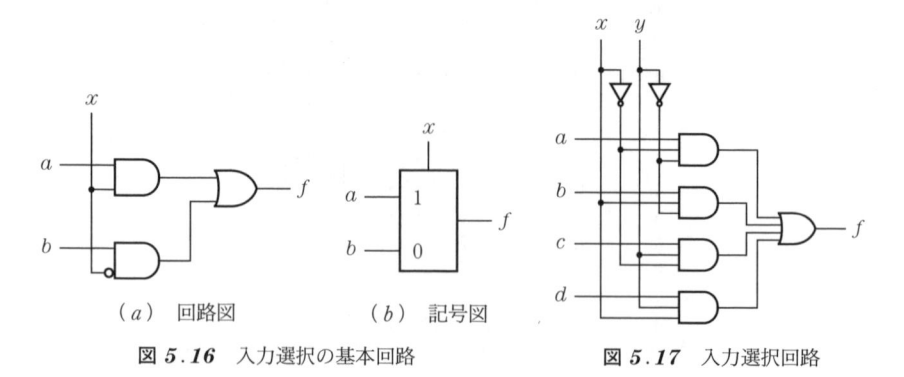

（a）回路図　　　　（b）記号図

図 5.16 入力選択の基本回路

図 5.17 入力選択回路

$$f = a \cdot x + b \cdot \bar{x}$$

図 5.17 は 4 個の入力を x, y の制御信号によって選択する回路である。

5.5.3 デマルチプレクサ

デマルチプレクサ（demultiplexer）は前述のマルチプレクサの逆の動作をする回路で，入力を制御信号により選択して複数の出力出口の中の一つに出力する回路である。出力出口が a, b, c, d の 4 個ある場合のデマルチプレクサの回路を**図 5.18** に示す。デコーダとしても用いられる。

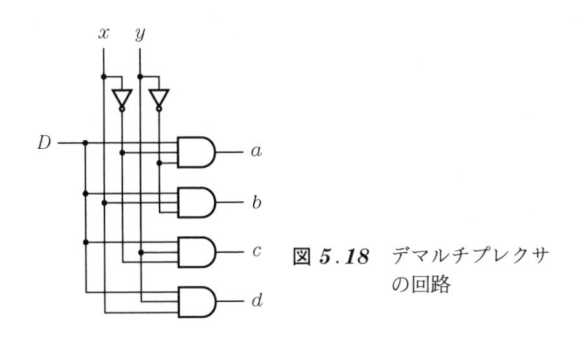

図 5.18 デマルチプレクサの回路

5.6 順序回路

順序回路は前節で述べた組合せ回路とは異なり，過去の状態の影響を受け，現時点の入力が同じであっても出力は一意に定まらない。その代表的な回路であるフリップフロップについて説明する。

5.6.1 フリップフロップ

コンピュータの中では順序回路が使用されているが，それには一時的に入力や状態を記憶したりすることができる 1 ビットの記憶素子である**フリップフロップ**（flip-flop；**FF**）がある。フリップフロップとはシーソーの意味で，二つの状態があり，入力信号によって 0 あるいは 1 を保持することができるような回路である。

図 **5.19** の回路によって状態保持の説明をしよう。入力 S が 1 の場合には OR 回路の出力 Q は 1 であり，その後 S が 0 になっても出力側からの帰還路によって Q の値は 1 に保たれている。このような回路を**ラッチ**（latch）**回路**という。

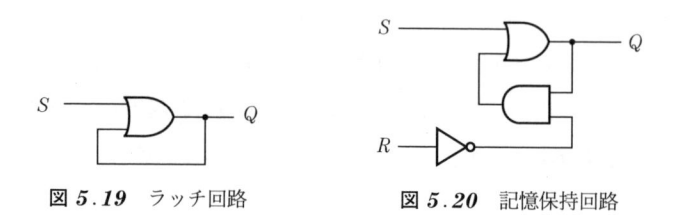

図 5.19　ラッチ回路

図 5.20　記憶保持回路

しかしながら，この回路では Q を 0 にリセットすることができない。したがって，図 **5.20** に示すように帰還路に AND 回路を入れてみよう。入力 R が 0 であればこの回路は図 5.19 の回路と同じになり，入力 S が 1 の場合には出力 Q は 1 を保持する。このとき入力 R を 1 にすると帰還路は閉じられて S が 0 になれば出力も 0 になってしまう。すなわち S はセット入力，R はリセット入力となることがわかる。

図 5.20 の回路を変形すると図 **5.21** に示すような NOR を用いた対称型の回路が得られ，これが **RS フリップフロップ**（RS-FF）である。図 **5.22** には図 5.20 の回路から図 5.21 の回路に至る途中図を示す。

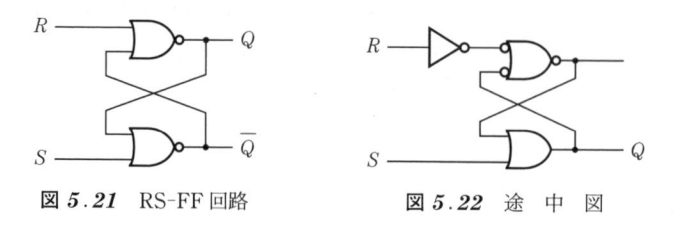

図 5.21　RS-FF 回路

図 5.22　途中図

図 **5.23**（a）には NAND を用いたフリップフロップの回路を，その回路記号図を図（b）に示す。

RS フリップフロップの動作について説明しよう。$R=S=0$ の場合は図 5.21 に示す回路は**図 5.24** のようになる。この図から明らかなように $Q=1$，

5.6 順序回路

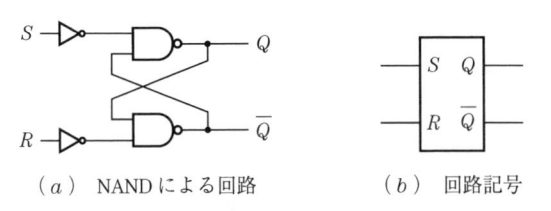

(a) NANDによる回路 (b) 回路記号

図 5.23 RS-FF の回路と記号

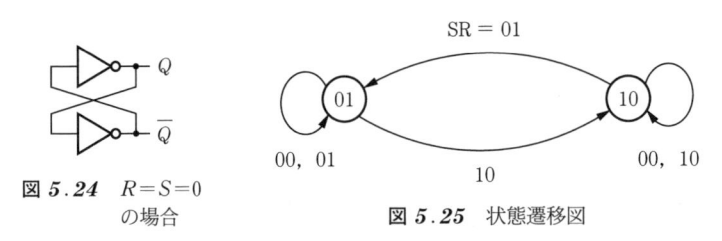

図 5.24 $R=S=0$ の場合

図 5.25 状態遷移図

$\overline{Q}=0$ あるいは $Q=0$, $\overline{Q}=1$ の場合はその状態は変わらず前の状態を保持している。$S=1$, $R=0$ の場合は $Q=1$, $\overline{Q}=0$ に, $S=0$, $R=1$ の場合は $Q=0$, $\overline{Q}=1$ に状態が変わる。

このような状態の変化を図にした状態遷移図を図 5.25 に示しておく。円の中の数字は Q, $\overline{Q}$ を示し, 矢印は遷移の向きを, 遷移を表す円弧に付された数字は S および R の入力の組を示している。

上で述べた RS フリップフロップにはじつは問題があり, $R=S=1$ の入力が禁じられている。その理由は $R=S=1$ の状態から $R=S=0$ になる場合を考えてみると, まったく同時に変わるということは物理的に生じないで, R か S のどちらかが先に変わってしまう。すなわち図 5.26 に示すような二つの経路が生じ, どちらの経路を通るかで状態が異なってしまうためである。図 5.26 で上側の経路をたどれば $Q=1$, $\overline{Q}=0$, 下側の経路をたどれば $Q=0$,

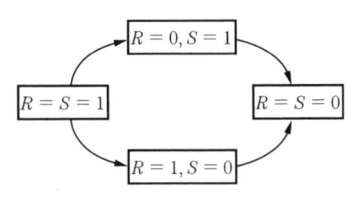

図 5.26 二つの遷移経路

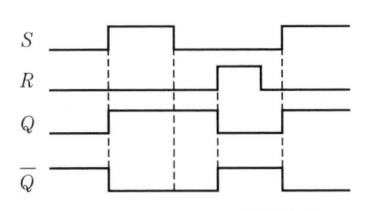

図 5.27 RS-FF の動作波形

$\overline{Q}=1$ となり一意に定まらないので，$R=S=1$ は禁止となっている。

RS フリップフロップの入出力の関係を信号波形で示すと図 5.27 のようになる。また，その動作を示すと表 5.6 のようになる。

表 5.6 RS-FF の入出力の関係

S	R	Q
0	0	不変化
1	0	1
0	1	0
1	1	禁止

図 5.28 は，クロックパルスで動作する RS フリップフロップすなわち **RST フリップフロップ**（RST-FF）の回路図である。クロックパルスにより動作させることで，入出力の微妙なタイミングのずれがなくなり，信頼性の高い動作が得られる。図 5.29 にその動作波形を示す。

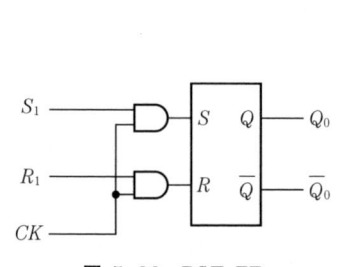

図 5.28 RST-FF

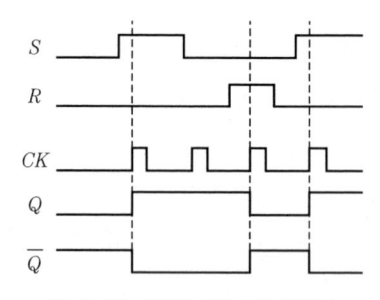

図 5.29 RST-FF の動作波形

図 5.28 の回路においてクロックパルスが長い場合には，図 5.23 に示した RS フリップフロップと同じになり，入力が $R=S=1$ の場合には出力は不安定となってしまう。このためクロックパルスは幅の狭いことが要求されるが，その対策としてクロックパルスの立上りまたは立下りで動作するようにすれば，クロックパルスのパルス幅は関係なくなる。この動作を実現したものが，マスタスレーブフリップフロップとエッジトリガフリップフロップである。

5.6 順序回路

5.6.2 JKフリップフロップ

RS-FF は，表 5.6 に示したように入力がともに 1 となる場合は，その動作が不安定となることから禁じられている．そのため出力を入力側に返してこのような不安定動作をさけるようにしたものが **JK フリップフロップ**（JK-FF）であり，その動作を**表 5.7** に示す．**図 5.30** に JK マスタスレーブフリップフロップを，**図 5.31** に JK エッジトリガフリップフロップを示しておく．

表 5.7 JK-FF の入出力の関係

J	K	Q
0	0	不変化
1	0	1
0	1	0
1	1	反転

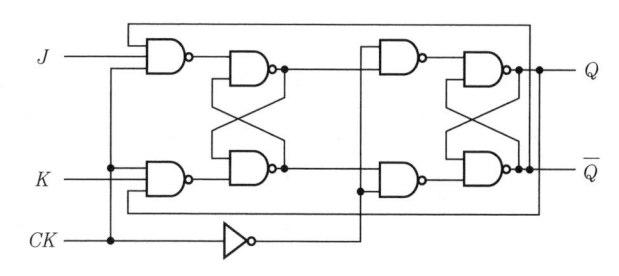

図 5.30 JK マスタスレーブフリップフロップ

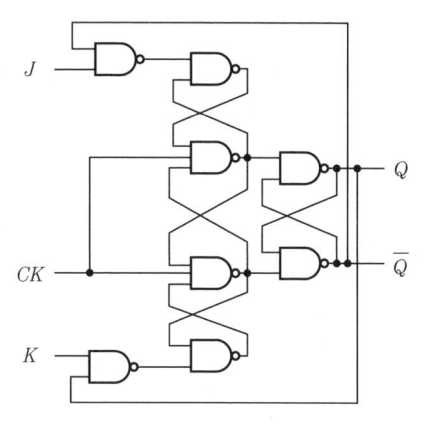

図 5.31 JK エッジトリガフリップフロップ

マスタスレーブフリップフロップは前段と後段の二つのフリップフロップから構成され，前段をマスタ，後段をスレーブと呼んでいる．クロックが $CK=1$ のときは後段は前段から切り離され，入力は $(0, 0)$ なので出力は変化しないでそのままの値を保持する．クロックが $CK=0$ になると前段の出力が後段のフリップフロップに入力されるように構成されている．

5.6.3 DフリップフロップとTフリップフロップ

前述のJKフリップフロップを用いて，図5.32および図5.33に示すようなDフリップフロップ（D-FF）を構成することができる。Dフリップフロップは入力Dの値を出力とするもので，ある時点でのデータDの値を調べたいときに一時的に保持する目的に使用される。その動作を示すと図5.33のようになる。

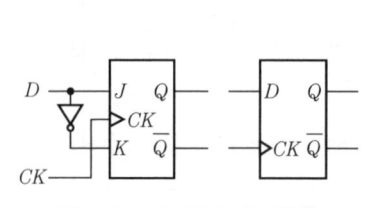

図5.32 D-FFとその記号

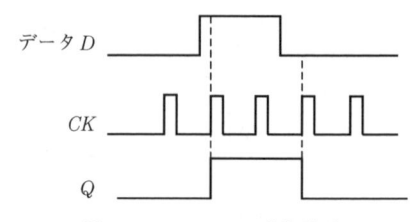

図5.33 D-FFの動作波形

Tフリップフロップ（T-FF）はJKフリップフロップを用いて図5.34に示すように構成される。Tフリップフロップの出力は，入力Tが1のとき，クロックパルスが入るとそれまでの状態を転ずる。その様子を示したのが図5.35である。

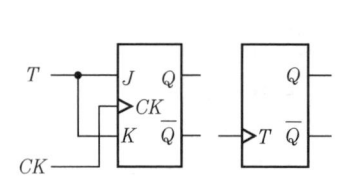

図5.34 JK-FFを用いたT-FFとその記号

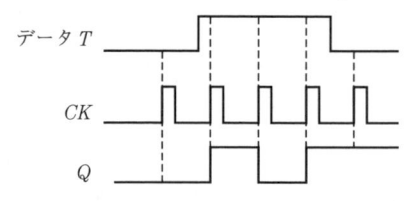

図5.35 T-FFの動作波形

5.7 カウンタ

カウンタ（counter）とは入ってくるパルス数を数える回路である。図5.35に示したTフリップフロップの動作例を見るとわかるように，データが1のときにはクロックパルスが入るごとに出力が反転している。Tフリップフ

5.7 カウンタ

ロップは図 **5.36** に示すように D フリップフロップを用いても構成できる。

この回路の動作は図 **5.37** に示すようにクロックパルスが 4 個入ると出力からは 2 個のパルスが生成される。したがって図 **5.38** に示すように直列に結合すれば，T フリップフロップ各段の出力 Q_1，Q_2，Q_3 は図 **5.39** のようになる。

図 **5.36** D-FF を用いた T-FF

図 **5.37** カウンタの基本動作

図 **5.38** 8 進カウンタ

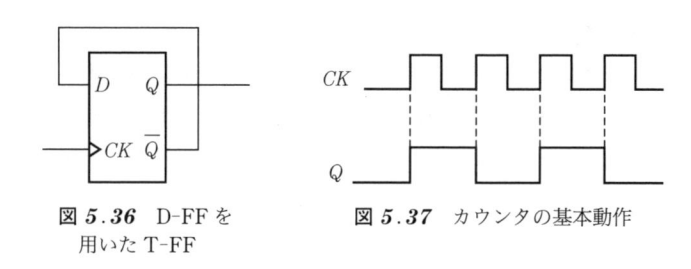

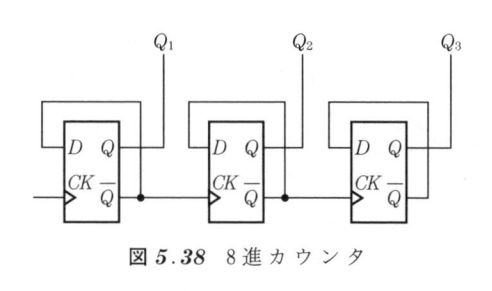

表 **5.8** 8 進カウンタの出力

CK	Q_1	Q_2	Q_3
0	0	0	0
1	1	0	0
2	0	1	0
3	1	1	0
4	0	0	1
5	1	0	1
6	0	1	1
7	1	1	1
8	0	0	0

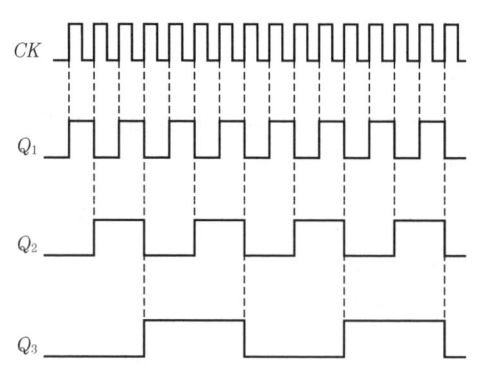

図 **5.39** カウンタの出力

図 5.38 に示したカウンタは表 5.8 に示すようにクロックパルスが 8 個入ると各段の出力 Q_1, Q_2, Q_3 は 0 になり，8 進カウンタとして働くことがわかる。この動作を入力と出力の関係で示すと図 5.39 のようになることがわかる。

このように入力パルス数を数え上げるカウンタをアップカウンタといい，逆に最初にセットされた数から引いていくようなカウンタをダウンカウンタという。アップカウンタでは D フリップフロップの $\overline{Q}$ 端子から，ダウンカウンタでは Q 端子から次段へ結線しておけばよい。したがって，図 5.40 に示すようにアップカウンタとダウンカウンタは同じ構成で実現することができる。すなわち図のアップ/ダウン入力が 0 のときはアップカウンタとなり，1 のときはダウンカウンタとなる。

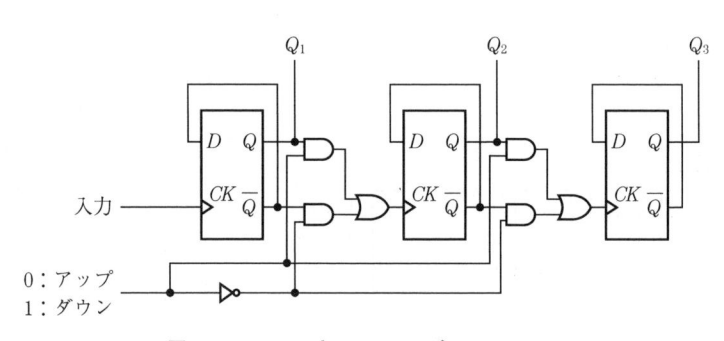

図 5.40 アップカウンタとダウンカウンタ

5.8 シフトレジスタ

シフトレジスタ（shift register）は中央処理装置（CPU）において演算の途中経過や記憶装置とのバッファなどの用途のためにデータを一時的に記憶，保持する回路である。1 ビットのデータを保持するためには前述の 1 個のフリップフロップが用いられ，32 ビットのデータに対しては 32 個のフリップフロップから構成される。並列すなわち一度に多数ビットのデータの書込みや読出しができるレジスタに対し，シフトレジスタは直列にフリップフロップを結合し，左右に 1 ビットずつシフトしながら書込みや読出しを行うレジスタである。

5.8 シフトレジスタ

シフトレジスタにはシフトの仕方によって (a) **論理シフトレジスタ** (logical shift register),(b) **算術シフトレジスタ** (arithmetic shift register),および (c) **循環シフトレジスタ** (cyclic shift register) がある。さらに右方あるいは左方へのシフトの二通りがある。図 5.41 にこれら 6 種類の 8 ビットシフトレジスタを示す。なお,$0/C$ は 0 または C の内容を示す。

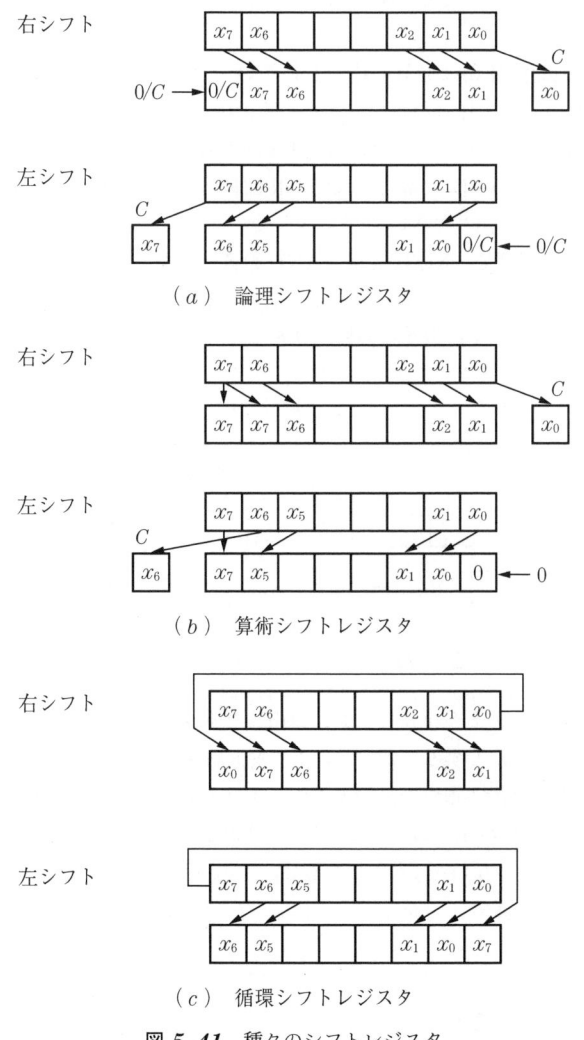

図 5.41　種々のシフトレジスタ

5. 論理回路

演習問題

【1】 つぎの英文字は何の省略形か。
　　　（a）TTL　　（b）IC　　（c）LSI　　（d）VLSI　　（e）FA

【2】 ① つぎの文中の空白を埋めよ。
　　　演算に用いられる基本的な論理は（ a ），（ b ），（ c ）の三つである。
　　　② 排他的論理和は加算回路などに用いられるが，この回路を①の（a），（b），（c）で作りなさい。また，その排他的論理和を論理関数で表しなさい。ただし，入力は a，b，排他的論理和の出力は f としなさい。

【3】 NOT回路とAND回路だけでNOR回路を，NOT回路とOR回路だけでNAND回路を作りなさい。

【4】 NOR回路だけで，NOT，OR，ANDの各回路を実現せよ。

【5】 図5.42のような半加算回路を二つと論理和回路を用いて全加算回路を構成せよ。ただし，下の桁からの桁上りを c' とせよ。

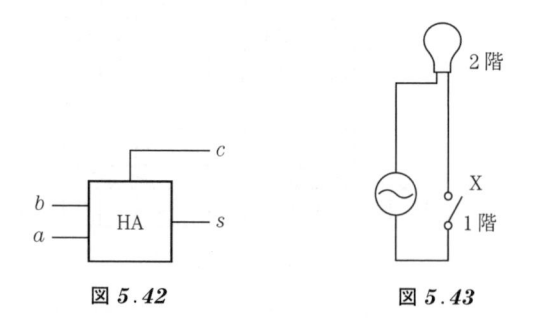

図5.42

図5.43

【6】 図5.41に示すような8ビットの算術シフトレジスタの回路で，0111 0001 が入力されていたとする。このとき1ビット右シフトするとどうなるか。

【7】 図5.43は2階の電灯を階段の下のスイッチで点滅できる回路である。
　　　スイッチXがオンのとき $x=1$，オフのとき $x=0$，電灯が点灯するを $f=1$，点灯していないを $f=0$ とすると，この回路は $f=x$ と書ける。スイッチX，Yの二つを考えて
　　（a） $f=x \cdot y$
　　（b） $f=x+y$
　　　となる回路を書きなさい。

(c) 図 5.44 のようなスイッチを用いて階段の上でも下でも 2 階の電灯を点滅できるようにしたい．どんな配線をすればよいか示せ．

図 5.44

【8】 図 5.45 において出力 f と入力 a, b の関係を論理式で表し，真理値表を書け．

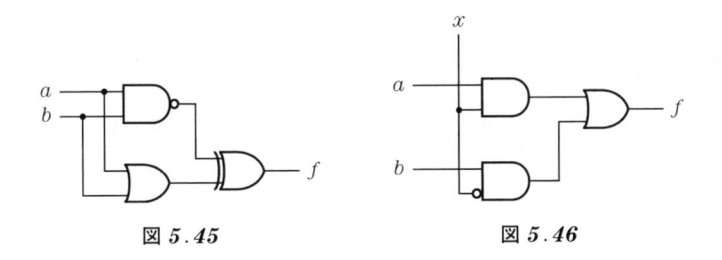

図 5.45

図 5.46

【9】 図 5.46 はセレクタの回路である．
x の値によって出力 f はどうなるか論理関数で説明せよ．

【10】 図 5.47 の回路において，(x, y) が $(0, 0), (0, 1), (1, 0), (1, 1)$ のとき出力 f は a, b を入力とするときどうなるか．真理値表を示せ．またその動作は何というか，論理式で示してもよい．

ただし，FA は全加算器で a' と b' は加数と被加数，c' は下の桁からの桁上りのための入力，s は加算の結果，c は上の桁への桁上りを示す．また，SEL は選択回路で，y が 1 のときは c が，0 のときは s が出力 f となる回路である．

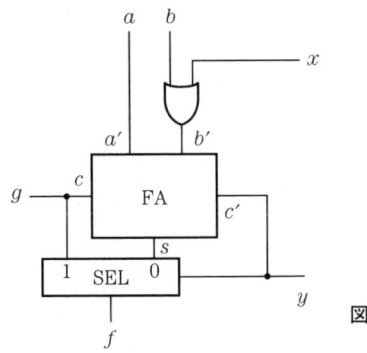

図 5.47

6 中央処理装置

コンピュータの最も重要な中枢部に相当するのが**中央処理装置**である。このCPUではプログラムに記述された命令に従って種々の処理が行われる。このためマイクロプロセッサとも呼ばれる。CPUは演算を行う演算部と演算処理の制御を行う制御部から構成されている。本章ではこれらの仕組みについて説明する。

6.1 中央処理装置の発展

中央処理装置（CPU）はコンピュータの主要な要素であり，時代とともに性能が急速に発展してきた。よく知られているパソコンのCPUについてその性能を見てみると**表6.1**のようになる。

表6.1 CPUの性能

発売年	CPU	ビット数	クロック	トランジスタ数
1971	4004	4	0.75 MHz	2 250
1972	8008	8	0.5 MHz	3 500
1974	8080	8	2 MHz	6 000
1976	Z 80	8	2.5 MHz	8 000
1978	8086	16	4.77 MHz	129 000
1985	i 386	32	33 MHz	270 000
1989	i 486	32	50 MHz	1 200 000
1993	Pentium	32	66 MHz	3 100 000
1997	Pentium II	32	450 MHz	7 500 000
1999	Pentium III	32	1.4 GHz	9 500 000
2000	Pentium 4	32	3.8 GHz	42 000 000
2002	Itanium 2	64	1 GHz	25 400 000

6.1 中央処理装置の発展

　1971年に生まれた4ビットの最初のCPUであるIntel 4004では，組み込まれたトランジスタは2250本で，クロック信号の周波数はわずか0.75 MHzに過ぎなかった．ところがこの表からも明らかなように，最近のPentium 4ではトランジスタは4200万本となり，4004の約18000倍にもなっている．またクロック信号の周波数について見れば，3.8 GHzと4004のじつに5000倍にも性能が上がっている．最初の16ビットの8086に比べても約800倍のクロックパルスで動作していることになる．

　クロック信号あるいはクロックは，CPUやメモリあるいは各種装置のバスを含めて，同期をとりながら動作させるための周期的なパルスである．したがって，クロック信号の周波数が高いほど動作は速くなる[†]．しかし，クロック周波数を高くすれば一般に発生する熱も多くなることから，集積度を高めるためには，動作電圧を低くして消費電力を下げ，放熱効果を十分考えなければならない．コンピュータのCPU性能は，パーソナルコンピュータのみでなく，汎用大形コンピュータについても近年飛躍的に向上していることは言うまでもない．

　CPUはその動作に必要なあらゆる回路やキャッシュメモリとともに，ダイと呼ばれるシリコンウェハ上に作られる．ダイは，数千万以上の膨大な数のトランジスタが含まれていて，CPUの最も重要となる回路はCPUコアとしてダイの内部にある．ダイは1個ずつでなく，数百個がシリコンの板に一度に作られ，その後切断されて，パッケージに組み込まれ，配線されてCPUとなる．ダイは，図 6.1 に示すように基板に取り付けられ，放熱効果の高いアルミ製のヒートスプレッダ（放熱板）とサンドイッチ構造になっている．

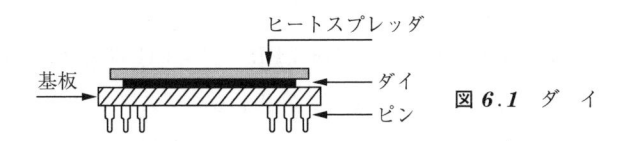

図 6.1　ダ　イ

[†] クロック信号の周波数を3 GHzとすれば，1クロックは約0.3 nsとなり，100億分の3秒である．光の速さは毎秒地球を7回り半すなわち30万kmであるので，0.3 nsは光速でも9 cmの短い距離に過ぎない．

6.2 中央処理装置の構成

コンピュータの最も重要な役割をはたしている中央処理装置（CPU）は，演算部と制御部から構成されている。

6.2.1 演　算　部
演算部はつぎのような種々のユニットから構成されている。
① 算術論理演算装置とレジスタ群から成り，命令を実行する実行ユニット
② 実数計算を専門に行う浮動小数点実行ユニット

算術論理演算装置（arithmetic and logic unit；**ALU**）の仕事は，加減算などの四則演算，OR や AND などの論理演算，定数の生成，正負や 0 の判定，オーバフローやアンダフローの判定などである。したがって，算術論理演算の中心的なレジスタであるアキュムレータ，演算で使用されるベースレジスタやインデックスレジスタ，フラグレジスタ（状態レジスタ），メモリデータレジスタなどから構成されている。なお，フラグレジスタおよびアキュムレータは一つしかない。

レジスタ（register）は処理途中のデータを一時的に記憶しておく素子であり，汎用のレジスタとある決まった用途に限定して用いられるレジスタとがある。これらのレジスタを以下に示す。

（**1**）　**アキュムレータ**（accumulator；**Acc**）　　累算器ともいわれ，計算を実行するレジスタである。特にこのようなアキュムレータをもたず，汎用レジスタの一つを専用に使用しているものが多い。

（**2**）　**フラグレジスタ**（flag register；**FR**）　　CPU の演算結果の正，0，負あるいはオーバフローなどを一時的に記憶するレジスタであり，このレジスタを見れば負になったとかオーバフローしたとかの状態がわかる。このため状態レジスタともいわれる。

（**3**）　**メモリデータレジスタ**（memory data register；**MDR**）　　メイン

メモリから読み出されたデータあるいはメインメモリに書き込むデータを入れるレジスタである。

6.2.2 制　御　部

制御装置（control unit）は命令の読出し，デコーダによる命令の解読と，実行などシステム全体を制御する。このような制御部はつぎのようないくつかのユニットから構成されている。

① 外部メモリなどからの命令の読込みと記憶用の命令フェッチユニット
② 外部メモリとのデータ転送制御用のバスインタフェースユニット
③ キャッシュメモリにコピーされるメモリの記録用のタグ
④ RAM からのデータの保持用のキャッシュメモリ
⑤ 命令の解読用の命令デコードユニット
⑥ 全体の制御用のコントロールユニット

また，制御部にはつぎのようなプログラムカウンタ，命令レジスタ，メモリアドレスレジスタなど演算処理を制御する際に必要となるレジスタが準備されている。

（**1**）**プログラムカウンタ**（program counter；**PC**）　アドレスカウンタとも呼ばれ，一つしかない。CPU がつぎに実行する命令が記憶されているアドレスが入っており，一つの命令が実行されると自動的にカウントが命令の長さに応じて進むようになっている。すなわち，アドレスの基本は 1 バイトであるので，1 バイト命令の場合は +1, 2 バイト命令の場合は +2 カウンタは進む。プログラムカウンタにより現在実行されているプログラムの箇所がわかる。

（**2**）**命令レジスタ**（command register；**CR**）　メインメモリから読み出された命令を入れる。

（**3**）**メモリアドレスレジスタ**（memory address register；**MAR**）　データバスなどからのアドレス情報を入れる。

（**4**）**ベースレジスタ**（base register；**BR**）　メインメモリに格納されているプログラムの先頭アドレスを入れる。このことによってプログラムを任意

のアドレスに置くことが可能となり，プログラムの再配置が容易に実現できる。

（5） **インデックスレジスタ**（index register；**XR**）　ある特定のアドレスデータのアドレスなどを入れる。

6.3　命令の形式と種類

コンピュータに入力されたプログラムは機械語に翻訳され，メインメモリに格納されるが，その命令は0と1によって表現されている。機械語の命令は図 *6.2* に示すように命令部とアドレス部とからなる。命令部には四則演算，シフト，移動などの命令が，アドレス部には演算対象となる数値などを入れているアドレスが置かれている。命令のアドレス形式を図 *6.2* に示す。

0アドレス形式	命令部			
1アドレス形式	命令部	アドレス部		
2アドレス形式	命令部	アドレス部	アドレス部	
3アドレス形式	命令部	アドレス部	アドレス部	アドレス部

図 *6.2*　命令のアドレス形式

最も短い命令は0アドレス形式で，例えば「レジスタの内容を+1せよ」などで，メインメモリやレジスタにアクセスしない命令である。また，最も長い命令は3アドレス形式で，「A番地の内容とB番地の内容を加算して，C番地に格納せよ」である。

命令の種類にはレジスタとメモリ間などのデータ転送，加算などの演算，分岐およびサブルーチンの呼び出しなどの命令がある。実際の命令については8章に述べてある。

6.4　中央処理装置の動作

図 *6.3* に中央処理装置（CPU）とメインメモリの簡単なモデルを示す。CPUの演算部は演算用のレジスタであるアキュムレータと算術論理演算装置

6.4 中央処理装置の動作　**97**

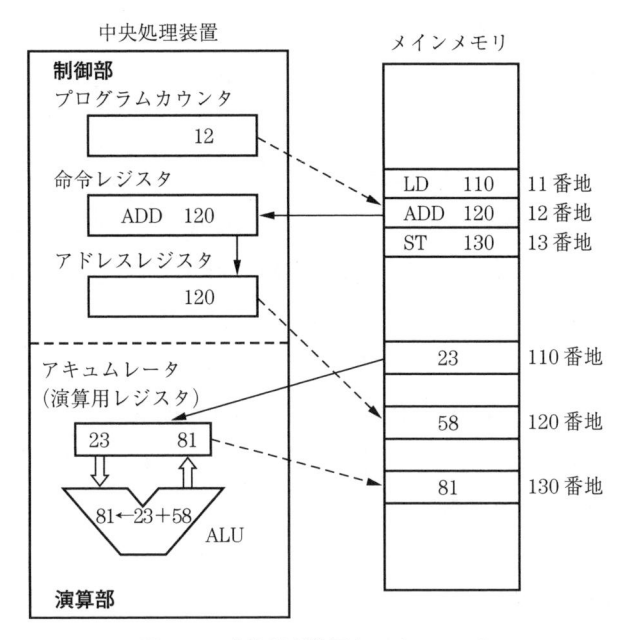

図 6.3　中央処理装置とメインメモリ

（ALU）とから，また制御部はプログラムカウンタ，命令レジスタおよびアドレスレジスタから構成されている。このモデルを例にして，どのように演算が実行されるかを以下に説明していこう。なおプログラムはメインメモリの11番地のアドレスから，データは110番地のアドレスから順に格納されているものとする。

　プログラムの先頭はメインメモリの11番地に入っている［LD　110］である。これは「110番地の内容をアキュムレータにロードせよ。すなわち読み込め」ということなので，アキュムレータには110番地の内容である23が入れられる。プログラムカウンタは最初は11であったのが，LD命令が実行された結果プログラムカウンタは+1され，図6.3に示されるように，12番地を指示しているので，この番地に入っている命令をつぎに実行することになる。したがって，命令［ADD　120］が命令レジスタに入れられる。

　すなわち「アキュムレータの内容にメインメモリの120番地の内容を加算

し，その結果をアキュムレータに入れよ」ということなので，アドレスレジスタによって120番地が指示され，加算23+58が実行されて，結果の81がアキュムレータに入ることになる。

加算が実行されると，つぎに命令レジスタには13番地の［ST　130］が取り込まれる。この命令は「アキュムレータの内容を130番地に格納せよ」ということなので，130番地に加算の結果の81が格納される。このようにしてCPUは計算を進めていく。

6.5　中央処理装置の高速化

6.5.1　キャッシュメモリ

半導体技術の進歩の結果，CPUの動作速度は著しく高速になったが，メモリに使用されるRAMはそれほど速くなっていない。メインメモリには比較的安価であるDRAMが広く用いられるようになり，CPUとの処理速度の違いが性能の低下に結びつくようになってきた。CPUにおけるデータの待ち時間をなくすために，CPUと同じクロックで動作するアクセスタイムの速いメモリが要求されるようになってきた。

クロック周波数が1GHzであればCPUの動作速度は1nsであり，DRAMのアクセスタイムは50nsであるため，CPUのクロックはむだに費やされてしまう。

したがって高速のCPUと大容量のDRAMの中間にアクセスタイムの速いSRAMを置いて，メインメモリをSRAMに書き出し，CPUと同じ速度で処理するような仕組みが考え出された。この中間的なメモリが**キャッシュメモリ**(cache[†] memory)あるいは緩衝記憶装置と呼ばれている。

ちなみに一般的なパソコンではメインメモリとしては512MB程度，キャッシュメモリは数百KB程度である。またさらにCPUの外に，数MBの2次キャッシュ，あるいは3次キャッシュを備えているものもある。なお1次キャッ

[†] 貴重品などの隠し場所のこと。cash（現金）ではないことに注意しておこう。

シュはCPU内にあり，CPUのコアクロックで動作するため，読出し書込みも高速で行われる。最近では2次キャッシュもCPU内に組み込まれていることが多い。

例えば，CPUが2003番地にある命令を実行しようとしている場合を考えよう。

もしキャッシュメモリに2003番地の内容が記憶されていればそれを読み込み，その後フェッチユニットに送って命令を処理させる。1次キャッシュになければ2次キャッシュを調べ，あれば読み出してCPUに送るとともに1次キャッシュにコピーする。

2次キャッシュにもなければ，メインメモリにアクセスして2003番地の内容を読み出し，2次キャッシュにコピーする。このように全体としてなるべく速い処理が実現されるように構成されている。

もちろん欲しい内容がキャッシュにある場合のほうが処理が速くなるが，必ずしもキャッシュに欲しい内容がある，すなわちヒットするとは限らない。キャッシュの容量が大きいほどヒットする確率は高くなるが，それだけコストも高くなるため，トレードオフの関係となる。

6.5.2　パイプライン

処理をいくつかの段階に分け，複数の流れ作業のように並列に処理して高速処理を可能にする**パイプライン**（pipeline）方式について述べる。

実際に命令の集まりであるプログラムが実行されるのは図6.3に示したような流れに従って行われるが，一つの命令の処理についてみると，命令の読み出しと命令の実行とからなる。さらに細かく分けるとつぎのような5ステップのようになる。

① 命令を呼び出す**命令フェッチ**（instruction fetch；I）
② その命令について解読する**デコード**（decode；D）
③ オペランドを読み込む**オペランドフェッチ**（operand fetch；O）
④ **命令の実行**（execution；E）

⑤ 処理結果のレジスタへの**書き戻し**（write back；W）

これらのステップから構成される命令は図 6.4 に示すように，その各ステップは順々に実行される。ところが命令をメインメモリから読み込んだり，その命令を解読している時間は，CPU の仕事は休んでしまうことになる。このためつぎに述べるようなパイプライン方式が考え出された。

```
                                命令1  │I│D│O│E│W│
                                命令2    │I│D│O│E│W│
                                命令3      │I│D│O│E│W│
                                命令4        │I│D│O│E│W│
        │I│D│O│E│W│              命令5          │I│D│O│E│W│
       図 6.4  命令の各ステップ         図 6.5  パイプライン方式
```

処理される命令1～5が5個ある場合を考えてみよう。命令1の読み込み（I）が終わり，つぎにその解読（D）が始まると命令2の読み込みを始める。命令2の解読が始まれば命令3の読み込みを行う。このとき命令1はオペランドを呼び出す（O）ステップに入る。

この様子を図 6.5 に示すが，同時に5個の命令が処理され，本来一つの命令が処理される時間で複数個の命令が処理されることになる。この結果，動作速度が速くなる。このような仕組みを命令パイプラインあるいは単にパイプライン制御と呼んでいる。

このように，一つの命令をいくつかの処理に分けて高速化を図る考え方は演算方法にも適用することができ，ベクトル演算などに用いられている。これを演算パイプラインという。

パイプライン方式は命令の先読みとも考えられる。しかし，同じような処理が続く場合には高速化の方法として優れているものの，ジャンプや分岐などがある場合には先読みがむだになってしまう。このためジャンプや分岐を予測して，効率が落ちるのを避けるよう対処するようになっているのが普通である。

さらに，実行回路を複数個設け並行して命令を実行するスーパスケーラと呼ばれる方式もある。

6.6 バ ス

コンピュータの内部では，特に CPU を中心にして，メモリや入出力装置とのデータなどのやりとりが頻繁にしかも大量に行われている．例えばレジスタとメモリとのデータのやりとりを考えてみると，あるレジスタからある番地のメモリへデータを送る場合に線で直接結ぶわけにはいかない．このため，乗合バスのように種々なデータや命令などを乗せてやりとりを行う方法が採用されている．このようにデータなどをやりとりするための伝送路を**バス**（bus）と呼んでいる．図 6.6 に示すように，デバイス間によりつぎのようなバスがある．

① データバス　　CPU-メモリ間のデータを送る伝送路
② アドレスバス　　アドレスの指定のための情報を送る伝送路
③ 制御バス　　CPU からメモリや I/O に制御信号を送る伝送路

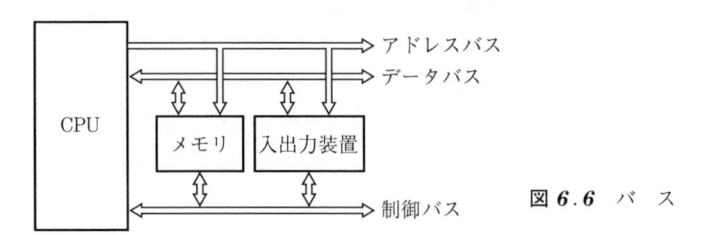

図 6.6　バス

バスにデータなどを送る場合には，電気的にはやりとりする二つのデバイスだけが伝送路を独占しているかのように，バスにつながっているそれ以外のデバイスは絶縁状態にしておく．

8 ビットのデータを同時に送るには 8 本の線が必要になるが，これをバス幅といい，例えば，データバスでは 64 ビット幅，アドレスバスでは 32 ビット幅など CPU のビット数に依存している．またデータの送信には当然高速な伝送が要求されるが，例えばバスクロックには 100 MHz 程度が使われている．これは 1 秒間に 1 億回のデータを送ることができる速さである．

演習問題

【1】 つぎの文の空白を埋めよ。

中央処理装置（CPU）は直接演算を担当する（　a　）と処理の制御を行う（　b　）に大別できる。前者は（　c　）とレジスタから構成されている命令を実行する実行ユニットや，実数計算を専門に行う（　d　）ユニットから構成されている。後者は命令フェッチユニット，外部メモリとデータのやりとりを制御する（　e　）ユニット，キャッシュメモリや全体を制御する（　f　）ユニットなどから構成されている。

【2】 CPU はいろいろなレジスタをもっている。つぎに示したのはそのレジスタについて説明したものである。それぞれのレジスタの名前を書け。
① つぎに実行する命令が記憶されているアドレスが入っていて，一つの命令が実行されると，カウントが命令の長さに応じて進む。
② メインメモリから読み出された命令を入れる。
③ ある特定のアドレスデータのアドレス等を格納。
④ CPU の演算結果状態を一時的に記憶する。
⑤ 被演算数値や演算結果を一時的に入れておく演算用のレジスタ。

【3】 つぎの括弧の中に適当な言葉を記入せよ。

CPU と DRAM を用いたメインメモリの橋渡しに配置された比較的処理速度の速いメモリのことを（　a　）といい，（　b　）を用いている。

【4】 つぎの括弧の中に適当な言葉を記入せよ。

コンピュータの内部では特に CPU を中心にして，メモリや入出力装置とのデータなどのやりとりが頻繁にしかも大量に行われているが，そのための伝送路を（　a　）と呼んでいる。これには，CPU-メモリ間のデータを送る（　b　），アドレスの指定のための情報を送る（　c　），および CPU からメモリや I/O に制御信号を送る（　d　）がある。

【5】 一つの命令の処理は命令の読出しと命令の実行とからなる。さらに細かく分けると5ステップになる。このように，いくつかの処理に分けて高速化を図る方式を何というか。また，これらの各ステップを述べよ。

【6】 前問の処理において，各ステップの実行時間が 10 ns とすれば，五つの命令を実行するには何 ns かかるか。図 6.5 を参考にして，正しい処理時間はつぎのどれか。
　　ア　50　　イ　60　　ウ　90　　エ　100

【7】 CPUは演算機構および制御機構からなる。制御機構に分類されるものはどれか。
　　ア　アキュムレータ　　イ　フラグレジスタ　　ウ　キャッシュメモリ
　　エ　命令デコーダ

【8】 あるコンピュータの命令を以下に示す。このコンピュータの処理能力は約何MIPSか。

命令種別	実行速度〔μs〕	出現頻度〔%〕
整数演算命令	0.5	50
移動命令	4.0	30
分岐命令	4.5	20

　　ア　0.25　　イ　0.4　　ウ　2.5　　エ　4.0

【9】 アクセス時間の最も短い記憶装置はどれか。
　　ア　キャッシュメモリ　　イ　磁気ディスク　　ウ　CPUのレジスタ
　　エ　主記憶

【10】 キャッシュメモリについてのつぎの記述の中で，適切なものはどれか。
　　ア　メインメモリの全体をランダムにアクセスするような場合には，キャッシュメモリの効用は低くなる。
　　イ　キャッシュメモリの容量が大きくなるとメインメモリのアクセス時間は遅くなる。
　　ウ　キャッシュメモリの動作は高速なので，CPU内部のレジスタとしても使用できる。
　　エ　キャッシュメモリのアクセス時間がメインメモリと同じ場合には，メインメモリの実際のアクセス時間は速くなる。

7 記 憶 装 置

　記憶装置はデータやプログラムなどを記憶しておく装置であり，コンピュータの重要な要素の一つである．記憶装置には記憶容量，入出力処理速度，集積度，価格，素材などによって多くの種類がある．大きく分けるとDRAMのような内部記憶装置，ハードディスクのような外部記憶装置，フラッシュメモリやCD-Rのような外部補助記憶装置である．ここではこれらの種々のメモリあるいは記憶媒体の特徴や役割およびその仕組みなどを説明していく．

7.1　記憶装置の種類

　代表的な記憶装置の記憶容量と処理速度を示すと**表 7.1**のようになる．この表からも明らかなように，高速度であるが記憶容量の小さいものと，その逆に低速度であるが記憶容量の大きいものがあり，その特性に応じてコンピュータの中でも用途が異なっている．
　内部記憶装置とはコンピュータ内部に実装され，CPUが直接アクセスでき

表 7.1　代表的記憶装置の性能

記憶装置	記憶容量	処理速度
レジスタ	1 KB〜	〜10 ns
1次キャッシュメモリ	32 KB〜128 KB	20 ns〜60 ns
2次キャッシュメモリ	64 KB〜512 KB	50 ns〜80 ns
メインメモリ	32 MB〜数 GB	100 ns〜200 ns
ハードディスク	数 GB〜数 100 GB	〜10 ms
CD-R，DVD，DLT	250 MB〜200 GB	〜100 ms

るメモリのことであり，主記憶装置（メインメモリ），キャッシュメモリ，グラフィックスメモリがこれに当たる。一方外部記憶装置とは内部記憶装置以外のもので，フロッピーディスク，ハードディスク，CD，DVD，フラッシュメモリ，**DLT**（digital linear tape）などがある。一般に内部記憶には高速なものが，外部記憶には低速なものが使われている。また，大きく半導体から構成される記憶媒体と光・磁気の応用による媒体に分けることもできる。以下これらの記憶装置について詳しく述べることにする。

7.2 半導体メモリ

内部記憶装置といわれるものは主記憶装置あるいはメインメモリと呼ばれている。メインメモリにはアクセス時間の速い半導体メモリが用いられ，それにはつぎに示すような **ROM**（read only memory）と **RAM**（random access memory）とがある。以下これらのメモリについて説明していこう。

7.2.1 ROM

ROM は読取りだけで書込みは最初のみ可能である。不揮発性で電源を切っても内容が消えないメモリのことである。

（**1**）**マスク ROM**（masked ROM）　　MOS FET の絶縁層によって製造時にしか情報が書き込めないので，製造後に変更のないような漢字パターンやコード変換システムなどを記憶しておくのに用いられる。後から内容を書き込んだり書き換えたりすることはできない。最近では後から書込み可能な PROM や，書換え可能な EPROM などが出現したので，区別したい場合には特にマスク ROM と呼んでいる。製造時にマスクを用いて露光を行うためこの名前がある。PROM に比べて製造コストは安価である。

（**2**）**プログラマブル ROM**（programmable ROM；**PROM**）　　製造時でなくてもユーザが一度だけ書き込むことができる ROM であり，原理はマスク ROM と同じであるが，図 **7.1** に示すようにヒューズが接続されていて，電

(a) オン状態   (b) オフ状態

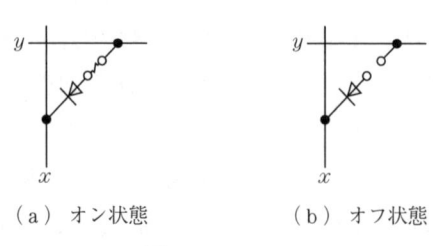

図 7.1 PROM

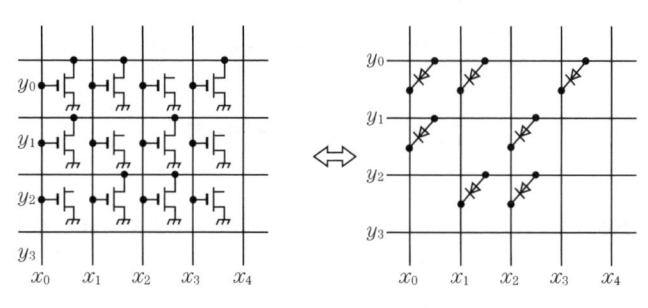

図 7.2 PROM の回路

流で焼き切ることにより書き込めるようになっている。**図 7.2** は実際の回路を示したものである。

(3) EPROM（erasable PROM）　高い電界を加えて電荷を与えることにより書き込むことができる。内容の消去は紫外線の照射により行われる。

(4) EEPROM（electronically erasable PROM）　書き込める回数には制限があるが，電気的に内容を書き換えることが可能である。EEPROM の一種であるフラッシュメモリは広く用いられている。

7.2.2　RAM

任意のアドレスに，プログラムやデータの書込みおよび読込みが自由にできるが，電源を切ると記憶した内容は消えてしまう。

(1) 静的 RAM（static RAM；**SRAM**）　フリップフロップ[†]の二つの状態を利用するので，**図 7.3** に示すようなフリップフロップによって1ビッ

---

† 5.6.1項を参照

トの記憶回路であるメモリセルが構成されている。素子としては，バイポーラ形に比べると速度が遅いが，低電力消費で，実装密度が高く，素子サイズの小さなMOS形が用いられている。しかしDRAMに比べれば，集積度は低く，消費電力も大きいが，リフレッシュの必要がなく制御がしやすいためレジスタやキャッシュメモリに用いられる。

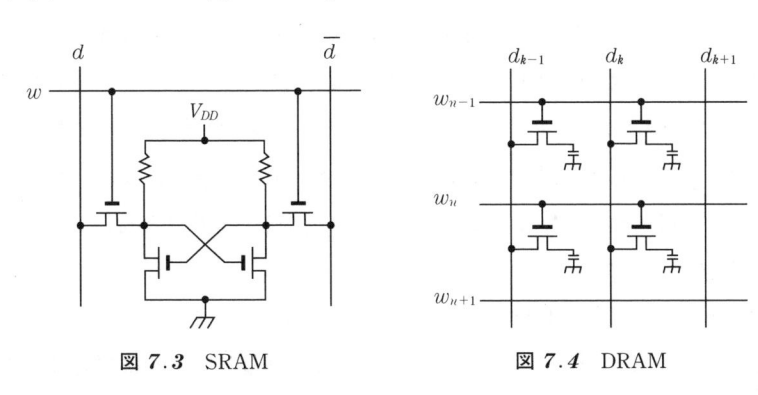

図7.3 SRAM　　　　　　**図7.4** DRAM

(*2*) **動的RAM**（dynamic RAM；**DRAM**）　　回路中のキャパシタに電荷を貯めることにより記憶されるが，放電してしまうので，繰り返し書換え，すなわちリフレッシュしなければ内容が消失してしまう。しかし構造が簡単で集積度が高く，アクセス時間が比較的短いのでコンピュータのメインメモリに広く用いられている。**図7.4**にMOS FETを用いた回路を示す。

(*3*) **MRAM**（magnetic RAM）　　磁気抵抗を利用した不揮発性メモリで集積度が高く，劣化がなく，SRAMと同程度に高速，消費電力も小さく，低コストであることから理想のメモリともいわれている。

(*4*) **FeRAM**（ferroelectric RAM）　　強誘電体メモリといわれ，DRAMのキャパシタの代わりに強誘電体膜を用いたもので，消費電力が小さいためICカードの情報記録用に利用されている。

7.2.3　半導体メモリの構造

図7.1は基本的なROMのメモリセルを示したものである。y線に正電圧

を加えたとき，オン状態であれば x 線にも電圧が現れ，オフ状態であれば現れない。これがそれぞれ"1"と"0"とを示すわけである。したがって図 7.2 に示すようなメモリの動作はつぎのようになる。y_1 に正のパルスを加えると x_0 と x_2 には同じパルスが出力されるが，x_1，x_3，および x_4 には変化がない。すなわち出力は 10100 となる。

　メモリセルは，前述のように回路構成により SRAM と DRAM がある。図 7.3 に示した SRAM は 4 本の MOS FET によるフリップフロップ回路であり，5 章で説明したようにフリップフロップの二つの状態を 1, 0 に割り当てるメモリ回路である。図のワード線 w と 2 本のビット線 d，$\bar{d}$ にパルスを加えることで書込みが行われ，どちらかのビット線から読出しが行われる。

　図 7.4 に示したのは DRAM で，MOS トランジスタに接続されたコンデンサに蓄えられた電荷の有無を 1, 0 に割り当てる回路である。しかし，このままではビット線 d を通って電荷が逃げてしまうため，周期的に再充電すなわちリフレッシュしなければならない。

　コンピュータにおいては CPU が高速であってもメモリが遅ければ全体の処理は速くならないので，メモリの高速化が重要とされる。SRAM は一つのセルを構成するのにトランジスタ 4 本が必要なので，消費電力が大きく，配線も多くなって大容量化も難しいが，トランジスタのオン・オフ機能で動作するので高速動作が可能である。したがって，大容量メモリには適さないが，高速性が要求されるキャッシュメモリなどに利用されている。また SRAM は，書き込むデータをデータ線に，ワード線に電圧を与えてやると，データが出力されるので，書込み読出しが単純であるという利点もある。

　一方 DRAM は SRAM と違い，キャパシタに蓄えられる電荷でデータを記憶しておく構造なので，リフレッシュ動作も必要で，書込み読出しの動作も複雑となり，SRAM のように一度にアドレスを指定するのではなく，行と列に分けて指定するようになっている。

7.3 半導体外部補助記憶装置

　EEPROMの一種で，何度でも電気的に記憶の書込み・消去ができるメモリに**フラッシュメモリ**（flash memory）がある．EEPROMではその書込み・消去は1バイト単位であるが，フラッシュメモリでは一括またはブロック単位で可能である．電源を切っても記憶が消えない不揮発性なので，ディジタルカメラや家庭用ゲーム機などのメモリカードや，パソコンのBIOSの記憶などに利用されている．また単純な構造で低コスト，大容量のものが実現できるので，以下に示すような多様なメモリ素子が開発されている．

　（**1**）**コンパクトフラッシュ**（compact flash）　　SanDiskが提唱しているメモリカードの規格で，外部入出力はATA規格に準拠しており，パソコンからは通常のハードディスクと同じように見える．このカードはフラッシュメモリと入出力コントローラ回路が1枚となった構造である．用途はディジタルカメラなどの記憶素子である．

　（**2**）**スマートメディア**（smart media）　　東芝によって提唱された，切手大のフラッシュメモリカードの規格で，用途はコンパクトフラッシュと同じ

┌─ コーヒーブレイク ─

ATAとATAPI

　ハードディスク装置をコンピュータに接続するインタフェース規格として**ATA**（AT Attachment；アタ）がある．最初は最大528 MBまでのハードディスクを2台までしか接続できないようになっていた．このATAのインタフェースによってCD-ROMドライブなどハードディスク以外の周辺機器を接続するための規格が**ATAPI**（AT Attachment Packet Interface；アタピー）である．

　ハードディスクの性能向上とともにUltra ATAに拡張され，最大転送速度33, 66, 100 Mbpsをもつ．さらに最近では300 Mbyte/secの高速転送速度をもつシリアル接続のSerial ATA（SATA）が使用されている．

である。構造は単純であり，安価である。

（3）**SDメモリカード**（SD memory card） 1999年にSanDisk，松下電器産業，東芝の3社が共同開発したメモリカードで，音楽のオンライン配信のための著作権保護機能 **CPRM**（content protection for recordable media）を内蔵している。

（4）**マルチメディアカード**（multimedia card） シーメンス社とSanDiskが1997年に共同開発したメモリカードの規格で，マルチデバイスに対応してる。

（5）**メモリスティック**（memory stick） ソニーの製品で棒状構造をしており，用途はパソコンやディジタルカメラ，携帯ディジタル音楽プレーヤなどである。

以上種々の半導体メモリを紹介してきたが，表 7.2 にまとめてその性質を示しておく。

表 7.2 半導体メモリの特性

	記憶保持	書換え	書換え速度	読出し速度	高集積化
マスク ROM	○	×	—	△	○
EPROM	○	○	△	△	△
FeRAM	○	○	○	○	△
フラッシュメモリ	○	○	○	○	○
DRAM	×	○	○	○	○
SRAM	×	○	○	○	×

7.4 外部記憶装置

外部記憶装置はメインメモリのような内部記憶装置に比べ，一般に，データの転送速度は遅いが，記憶容量の大きいものが多い。

また着脱可能なためメインメモリの補助のためだけではなく，プログラムやデータなどの大きなファイルの記憶媒体としても用いられている。ここでは代表的な外部記憶装置であるハードディスク，フロッピーディスク，CDなどについてその構造や原理を述べることにする。

7.4.1 ハードディスク

ハードディスク（hard disk；**HD**）は1956年にIBMによって開発され発売されたのが最初であり，直径24 in（インチ）のディスクを50枚積層し，記憶容量は5 MBであった。

ハードディスクの構造は図**7.5**に示すように，金属製のケースの中にプラッタと呼ばれる記憶媒体であるディスクや磁気ヘッド，モータ，制御回路などが組み込まれていて，プラッタを高速に回転させ，磁気ヘッドを使って記録再生を行う仕組みになっている記憶装置である。磁気ヘッドとディスクの間は1 000分の1 mm以下であり，振動や衝撃でデータが失われることがある。

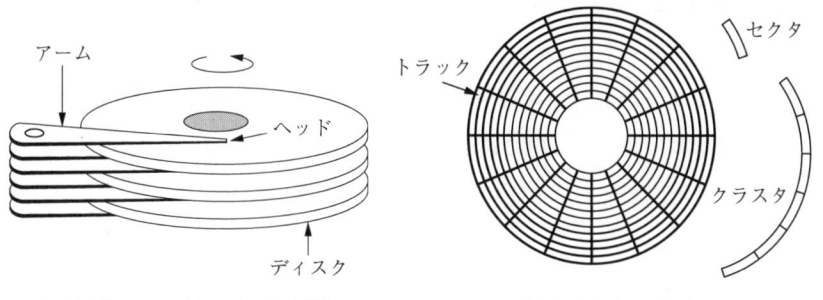

図**7.5** ハードディスクの構造

図**7.6** ディスク

ディスクの大きさは，直径が，2.5 inや3.5 in（実際には95 mmで3.7 in）などがあり，ノートパソコンには2.5 in，デスクトップパソコンには3.5 inが一般的である。日本ではメートル法を使用し，製品名称等にはインチではなくミリが使用される。

図**7.6**にディスクの記録面を示す。1枚のディスク上にある同心円状の個々の円周をトラックといい，ディスクの面には数千のトラックがある。トラック上には情報を記録する磁気媒体があり，ディスクの回転で磁気ヘッドはトラック上を移動して情報の書込みや読出しを行う。複数のディスクがあるとき，回転の中心から同一距離にあるトラックは円筒状になるので，これをシリンダと呼んでいる。また各トラックを複数個の円弧に分割したおのおのをセクタと呼び，ディスク上の記録単位としている。

112 7. 記憶装置

　ハードディスクでは1セクタは512バイトであるが，OSが管理する記憶の単位はセクタでは小さすぎるので，複数のセクタからなるクラスタを単位としている．1クラスタのセクタ数は媒体やOSの種類によってさまざまである．

　磁気ヘッドはトラックの磁性体を磁化することによって記録・検出する．トラックの円周方向の1インチ当りのビット数をビット記録密度とし，これとトラック密度を掛けた値を面記録密度としてハードディスクの性能を表す尺度として用いる．この面記録密度は10年で10倍のペースで延びているといわれる．

　ところでつぎに述べるフロッピーディスクでは1インチ幅当りのトラック本数は135 **tpi**（track per inch）で，1mm幅に5.3本であるが，ハードディスクでは100 000 tpi 以上でフロッピーディスクとは比較にならないくらい高密度である．

　ハードディスクの高速，大容量化はヘッドの改良や回転数のアップに依存し，面記録密度はパソコン用で通常1インチ平方当り10〜100Gビットであるが，現在では垂直磁化方式を用いて1インチ平方当り200Gビット以上のものも出現している．

7.4.2　フロッピーディスク

　フロッピーディスク（floppy disk；**FD**）は，磁性体を塗布したポリエステルなどの素材でできた着脱可能な記憶メディア（リムーバブルメディア）であり，ハードディスクと同様に円盤を回転させ磁気ヘッドで情報の読み書きを行う．

　両面を使用し，複数のトラックに記録する．このようなフロッピーディスクを記憶媒体として用いる補助記憶装置を，フロッピーディスクドライブ（FDD）と呼んでいる．

　フロッピーディスクには2DD，2HDなどの規格があるが，現在では2HDが主である．先頭の2は両面を使用している意味で，**HD**（high density）は高密度で記録されるという意味である．2HDのフロッピーディスクの特性を示すと**表7.3**のようになる．

7.4 外部記憶装置

表 7.3 フロッピーディスクの特性

面（両面）	2
トラック数	80
トラック当りのセクタ数	18
セクタ当りの記憶容量	512 B

したがって，2 HD のフロッピーディスク 1 枚にはつぎのような容量を記憶できることになる．

$$2 \times 80 \times 18 \times 512 = 1\,474\,560 = 1.44 \text{ MB}$$

フロッピーディスクは 1970 年に IBM によって製造されたのが最初といわれているが，このときのディスクは 8 in のもので，パンチカードの代わりに，大形コンピュータへのデータ入力用として使用された．その後，アップル社のマッキントッシュ用に 90 mm（3.5 in）のものが採用され，日本で普及したのは 1990 年頃であった．

現在では，ほかの大容量メディアの利用が多くなっているが，フロッピーディスクは起動ディスク，レスキューディスクなどとして必要な場合があるため，まだ重要なメディアである．

フロッピーディスクでは 1 クラスタは 1 セクタであり，1 トラックは 18 セクタとして管理されている．フロッピーディスクには外縁から中心に向かって同心円状に並んだトラックを円弧に分割した 512 バイト単位のセクタがあり，最初のセクタには IPL という OS を呼ぶための小さいプログラムが入っている．引き続いてファイルの管理表が予備を含めて二つ入っていて，その後にファイル内容の状態が記入されているディレクトリ情報が格納されている．ファイルはこのディレクトリ情報の後にクラスタとして書き込まれることになる．

一つのセクタは ID フィールド，ギャップ，データフィールド，ギャップから構成され，ID フィールドにはシリンダ番号，ヘッド番号，セクタ番号，セクタ当りのデータ長が，データフィールドには実際のデータが記録される．またギャップはバッファエリアである．

フロッピーディスクは使用時つねにヘッドと接触した状態であるため，少し

ずつではあるが摩耗し，利用には限度があることに注意しておこう．また，動作中のディスクの取出しなどは故障の原因となる．

7.4.3 CD

CD（compact disk）はプラスチックでできた直径 12 cm，厚さ 1.2 mm の記録メディアであり，音楽用とデータ記録用とがある．CDの記憶容量は 650〜700 MB で，音楽用のものは **CD-DA**（CD-digital audio）で音声を 44.1 kHz でサンプリングしており，16 ビットで 74.7 分の録音ができる．

ユーザが書き込める CD には CD-R と CD-RW がある．CD-R は一度だけ書き込むことができ，消去はできないが，CD-RW は後述のように何回も書き込むことができる．しかしフロッピーディスクや USB メモリとは異なり，書き込み回数には制限があって約 1 000 回といわれている．

CD では図 7.7 に示すように，信号に応じた長さのピットと呼ばれる小さな突起が渦巻き線状に並んでいる．ピットの長さもピット間の間隔も 9 種類あり，その組合せによってディジタル記録される．読取りはレーザ光のビームスポットを当て，その反射光がピットとピット以外のランドと呼ばれる平面とで異なることを利用している．スポット径とピット長は，CD と次項で述べる DVD について示すと **表 7.4** のようになる．

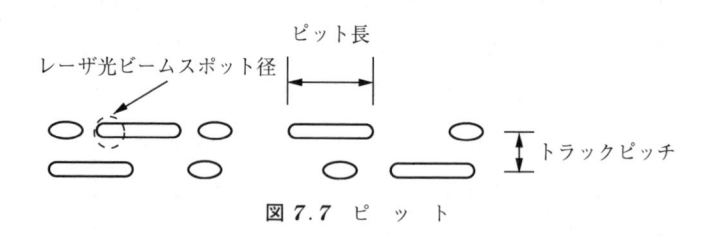

図 7.7 ピット

表 7.4 CD と DVD のピットデータ

	CD	DVD
ビームスポット径	1.4〜1.5 μm	0.89 μm
ピット長	0.9〜3.8 μm	0.4〜1.87 μm
トラックピッチ	1.6 μm	0.74 μm

7.4 外部記憶装置

ハードディスクやフロッピーディスクではトラックは同心円状であるが，CDでは図7.8に示すように渦巻き状になっていて，全周分が1本のトラックとなっている。これはもともと音楽用に開発されたため，途切れなく再生できることを目的としたからである。再生はディスクの内側から外側に向けて行われる。ピットと記録されるデータとの関係は図7.9のように，記録信号の高いところがピットの部分になっていることがわかる。

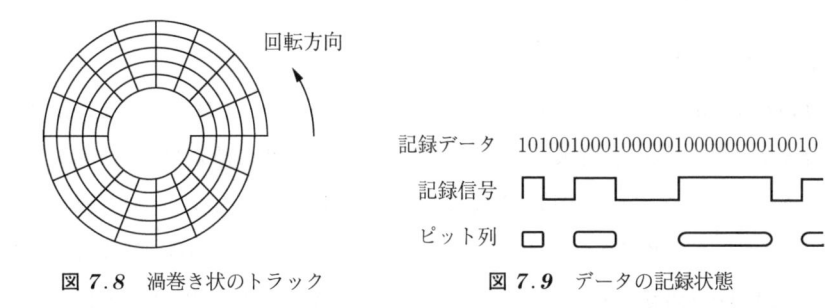

図7.8 渦巻き状のトラック **図7.9** データの記録状態

CDのトラック間隔を表すトラックピッチは図7.7に示したように1.6 μm で，これは1mm幅に625本すなわち15 875 tpiに相当し，1枚のCDでは20 625本のトラックで全長5 378 mにもなる。CDでは線速度は一定でなければならないので回転速度は可変である。このような方式を **CLV**（constant linear velocity）方式といい，回転数を一定にしておく方式を **CAV**（constant angular velocity）という。

CD-Rの書込みはレーザ光の熱によってピットを形成していく熱記録方式で，DVD-Rも同じである。またCD-RWはディスク内部の特殊合金の記録層をレーザ照射によって合金の状態を変えていく相変化記録方式である。再生時の線速度は1.2〜1.4 m/sであり，全長5 378 mであるので，1.2 m/sであれば74.7分，1.4 m/sであれば64分となる。

CDの書込み方式にはつぎに示すような3種類がある。

（*a*）**ディスク・アット・ワンス**（disk at once） 一度に書き込むので，追加書込みは不可能である。

（*b*）**トラック・アット・ワンス**（track at once） トラックごとに書き

込んでいくので，追加書込みが可能である。

（**c**）**パケットライト**（packet write）　トラックより小さいパケット単位で自由に書込みが可能である。特に CD-RW の場合，32 セクタ（64 KB）を1ブロックとし，ブロック単位で読み書きを行う。このためパケット間の関係を記述しておくリンクを設定しなければならないので，容量が 540 MB くらいに減ってしまうが，フロッピーディスクのように自由に読み書きができる。

7.4.4　DVD

DVD（digital versatile disk）は1996年に発売され，CD と同じ 12 cm の直径をもつ円盤状の記憶媒体である。使用するレーザの波長は 635〜650 nm で，そのビームスポットの直径は CD の約6割の 0.9 μm である。波長が 405 nm のブルーレーザであれば，ビームスポットの直径は CD の場合の約3割となる。DVD の渦巻き状トラックの全長は 28 km となり，CD の約5倍である。ピットの大きさも CD より小さく 4.7 GB の記憶容量をもつ。

一般の動画の場合は 30 フレーム/s なので，60分の動画であれば 108 000 フレームの処理が必要になる。ディスプレイが 640×480 ピクセルであり，色情報を2バイトで表すとすれば，2×108 000×640×480＝約 65 GB の容量が必要ということになり，4.7 GB の DVD 1 枚には入りきらない。そのため，DVD に動画を記録するには MPEG 2 などの圧縮方法によって記録される。

CD では，音楽用とデータ用でフォーマットが異なっているが，DVD では，アプリケーションによらず，物理的なフォーマット，論理的なフォーマットも共通に使用される。

1回だけの記録ができる追記型ディスクフォーマットとして，DVD-R フォーマットがある。DVD-R は，記録後に再生専用ディスクとほぼ同じ特性になるのが特徴である。書き換え型のディスクとしては DVD-RAM と DVD-RW がある。DVD-RAM はランダムアクセスを主眼とした物理フォーマットになっている。一方 DVD-RW は，DVD-R フォーマットの延長線上でシーケンシャル記録を主眼とした物理フォーマットであり，再生専用ディスクとの互換性

がある。

7.4.5 光磁気ディスク

光磁気ディスク（magneto optical disk；**MO**）の仕様は，ISOにより標準化されていて，直径 3.5 in の円盤状記憶媒体であり，その容量は 128 MB〜1.3 GB のものが市販されている。MO はフロッピーディスクと同じで自由に読み書きが可能である。その原理は熱を加えると磁化方向を変えることができることを利用したもので，磁石に強いという特徴をもっている。

MO では，データを記録する溝が渦巻き状に中心から出ており，その各円周がトラックで，トラックを中心に放射線状に区切った一つひとつのブロックがセクタである。640 MB の MO では 1 セクタは 2 048 バイトである。

7.5 CPU とハードディスク

7.5.1 ディスクキャッシュ

ハードディスクは外部補助記憶装置として働くだけではなく，**ディスクキャッシュ**（disk cache）や **RAM ディスク**（RAM disk）のような特別な働きに使用されることも多い。

ディスクキャッシュとは，CPU とメインメモリ間のキャッシュメモリと同じように，パソコンとハードディスクとの間で，データのやり取りを高速化するために，使用頻度の高いデータを一時的に保持しておくためのバッファのことである。また，RAM ディスクとはメインメモリの一部をあたかも独立した一つのハードディスクのように利用するものである。RAM ディスクはソフトウェアで実現されるので，機械的駆動部分がないためファイルへの高速なアクセスを可能とし，ハードディスクと同じような操作でありながら，ファイルの読出しや保存を高速に行うことができる。しかし，記録の保存先はメインメモリであり，その内容は電源を切ればなくなってしまう。

7.5.2 RAID

RAID(redundant arrays of inexpensive disks)はもともと安価で低容量，それほど信頼性も高くないハードディスクを用い，大容量で信頼性の高い記憶装置を実現しようとしたものである．すなわち複数のハードディスクを1台のハードディスクとして管理し，データを分散して記録することにより，高速で信頼性の高い記憶装置が実現されるものである．

RAIDは，大容量データの高速処理や耐障害性の向上が要求されるようなサーバで用いられることが多いが，最近では一般のパソコンでも用いられるようになってきた．

このようなRAIDにはその方式としてRAID-0からRAID-5まで六つのレベルが存在するが，よく用いられる四つのレベルについて述べる．

(**a**) **RAID-0** 細分化したデータを，複数のディスクに同時に入出力可能にして高速なアクセスを図る方式である．ストライピングともいう．

(**b**) **RAID-1** 二つのハードディスクに，同じ内容を同時に書き込むことで，データに対して安全性の高い方式である．このようなシステムにおいて，ディスクコントローラを共通にした場合をミラーリング，また，別個の場合をデュプレキシングといっている．

(**c**) **RAID-3** 1台のハードディスクを誤り訂正符号の格納に用い，残りの複数台にデータを記録して，書込み・読込みのエラーを自動訂正する方式である．

(**d**) **RAID-5** 複数のハードディスクに誤り訂正符号とともにデータを分散して記録する方式である．RAID-3の欠点を補ったものである．

7.5.3 高速化と効率化

ハードディスクに対するデータの読出しの場合には，指定されたデータが格納されているアドレス位置を探し出し，その位置までヘッドを移動させてデータを読み出し，データをバスに送り出すという作業が行われる．このようにデータはただちに読み出されるのではなく，読出し要求を行ってから，実際にデ

ータが転送されるまでには時間がかかり，遅延が生じる．この遅延を**レイテンシ**（latency）と呼んでいる．

　データを保存する目的であっても，2次キャッシュより1次キャッシュ，1次キャッシュよりレジスタというように，演算部分に近ければ近いほどレイテンシの低いものが要求される．

　コンピュータシステムとして処理の高速化や効率化を目指すには，3章で述べたDMAのようにCPUを介さないでメモリにアクセスする方法や，つぎに述べるスプーリングがある．

　プリンタなどの低速出力装置は，その処理速度がCPUよりも大幅に遅いため，データを直接プリンタに送る方式では，CPUはその間に他の処理をすることができない．したがって，プリンタなどの低速出力装置にデータなどを出力する際，処理結果を逐次送るのではなく，磁気ディスクに一度格納し，まとめて送る**スプール**（spool）という方法が採用されている．

　また格納したデータを印刷のためにプリンタに送る専用のプログラムを，プリンタスプーラという．

　このようにCPUなどの資源の効率的利用が実現される処理をスプーリングと呼ぶが，スプーリングによって単位時間当りの処理量を増やすことができる．

演習問題

【1】 つぎの英文字は何の省略形か．
　　　(a) FD　　(b) HD　　(c) CD　　(d) DVD　　(e) ROM
　　　(f) RAM　　(g) SRAM　　(h) DRAM
【2】 つぎの記憶装置はコンピュータの内部に設置されるが，アクセス時間の速いものから並べよ．
　　　メインメモリ　　レジスタ　　ハードディスク　　キャッシュメモリ
【3】 つぎの記憶装置はコンピュータの内部に設置されるが，容量の大きいものから並べよ．
　　　メインメモリ　　レジスタ　　ハードディスク　　キャッシュメモリ

7. 記憶装置

【4】 空白を埋めなさい。

半導体メモリのSRAMはDRAMより速いので，SRAMは（ a ）に，DRAMは（ b ）に用いられる。

【5】 フリップフロップ回路を利用した高速なメモリはどれか。

ア DRAM　イ ROM　ウ EEPROM　エ SRAM

【6】 空白を埋めなさい。

ディスク上にある同心円状の個々の円周を（ a ）といい，（ b ）はこの上を移動して情報の書込みや読出しを行う。回転の中心から同一距離にあるトラックは円筒状になるのでこれを（ c ）と呼んでいる。各トラックを複数個の円弧に分割したおのおのを（ d ）と呼び，（ e ）Bからなる。しかしこの単位はOSが管理するには小さすぎるので，複数の（ d ）からなる（ f ）を単位としている。

【7】 ブルーレーザによるDVDは非常に大きな記憶容量をもつ。その理由を説明しなさい。

【8】 一つのファイルは，磁気ディスク上の連続した領域に記録されているのが理想であるといわれる。その理由として，適切なものはどれか。

ア 磁気ディスク上にデータの記録されていない部分がなくなり，全領域が利用できる領域が増える。

イ ファイルの管理情報を格納する領域が十分確保でき，ユーザが多くの情報を利用できる。

ウ 分割した領域に記録する場合と比較して，読取りエラーが少なくなる。

エ 連続したデータに対しては，磁気ヘッドの動きが少なくなるので，読取り時間が短くなる。

【9】 RAIDに関する記述のうち，適切なものはどれか。

ア 1台のディスク装置で，ソフトウェアによって磁気ディスクの信頼性を高めている。

イ データを分散して格納し，磁気ディスクの信頼性を高めている。

ウ ディスクキャッシュの技術を利用して磁気ディスクの信頼性を高めている。

エ ミラーリングの技術を応用してアクセスの高速化を図っている。

【10】 シリンダ当りのトラック数が23，シリンダ数が800の磁気ディスク装置がある。この磁気ディスクを，1トラックを20セクタ，1セクタを1024バイトでフォーマットすると，容量は約何MBとなるか。ただし，1KB=1024バイト，1MB=1024KBとしなさい。

8 プログラミングと言語

コンピュータを目的に従って働かせるには，ソフトウェア†が重要であることを前に述べた。与えられた問題に対しその解法の手順をステップ順に記述したものが**プログラム**（program）であり，プログラムを作成するすなわち書くことを**プログラミング**（programming）という。またその際用いられる言語をプログラミング言語という。ここではコンピュータの働きを理解する意味から機械語，アセンブリ言語，高水準言語について説明していこう。

8.1 プログラミング言語

プログラミング言語（programming language）は人間が容易に理解できるように英語を基に作られているので，そのままではコンピュータが理解し，プログラムを実行することはできない。ユーザの書いたプログラムはソースプログラムあるいはソースコードと呼ばれるが，このソースプログラムは，アセンブラやコンパイラによって，コンピュータが理解できるオブジェクトプログラムあるいはオブジェクトコードに翻訳され実行される。

プログラミング言語は，アセンブリ言語，高水準言語，第4世代言語などに分けられる。コンピュータが実行できる言語は機械語であるが，人間が使う自然言語に近い言語を高水準言語，機械語に近い言語を低水準言語と呼んでいる。

---

† ソフトウェアとはプログラム，データ，マニュアル類で，ハードウェアではないものを指すが，ソフトウェアとプログラムはほとんど同じ意味で用いられることが多い。また，IPLなどのソフトウェアを始めからICに組み込んでいるようなものはファームウェアと呼ばれている。

最近では，簡易な言語仕様で，処理速度はあまり速くないが小規模なプログラムを記述することができるスクリプト言語のような，簡易プログラミング言語が広く用いられるようになってきた。

プログラミング言語にはさまざまな種類があるが，記述のしやすさや移植性の高さ，また，手続きなども記述できるという特徴から，C言語やC++言語，もしくはその派生言語が広く普及している。また，ウェブベースのシステム記述などに用いられるPerlのようなスクリプト言語や，移植性の高いオブジェクト指向的要素をもったJavaも普及している。

8.2 機 械 語

コンピュータは0，1の信号によって動作するが，その0と1の2進表示で命令などを表す言語を**機械語**あるいは**マシン語**（machine language）と呼んでいる。機械語はコンピュータが理解できる，すなわちそのままで直接解釈，実行できる言語である。機械語は直接実行されるコードであるので，コンピュータのあらゆる機能を利用することが可能であり，処理速度を上げるような効率的なプログラムを書くこともできる。しかしながら機械語は人間にとってわかりにくく，大規模なプログラムの開発には不向きである。このため，実際にはアプリケーションソフトも高水準言語によって開発されるのが一般である。

アセンブリ言語や高水準言語は，コンピュータの中で辞書や翻訳システムによって機械語に翻訳されて実行される。初期のコンピュータはメモリ容量が非常に少なく，翻訳のためのソフトウェアを格納しておくことができないため，しかたなくプログラムを機械語で書いていたという事情があった。

8.3 アセンブリ言語

8.3.1 ニモニック

機械語は0，1のみで表現記述されるため人間にとってはなかなかわかりに

くいし，プログラムの変更や修正あるいは他人の作成したプログラムの解読などども非常に困難である。このため，人間がわかりやすいように機械語命令の一つひとつに対応した英単語やその略語によって表した**ニモニックコード**(mnemonic code) を用い，機械語と対応している英文字列で記述するアセンブリ言語が生まれた。

例えば，加算には ADD，飛び越しには JMP というように，演算操作の内容が容易に理解できるようにした文字列を用いた言語である。このようにニモニックは機械語命令を表すために作られたものであるが，実際には非常に多くの機械語のすべてをニモニックで表現することは困難であるため，ニモニックは命令の機能だけを表し，詳細は被演算子によって指示することでニモニックの個数を減らしている。

このようなアセンブリ言語は機械語とは異なり，直接コンピュータが受け付けることはできないので，機械語に翻訳してやらなければならない。その機能を受け持つのが**アセンブラ**（assembler）である。

アセンブリ言語はコンピュータのハードウェアと直接結びついている機械語に近いので，ハードウェアを制御するようなデバイスドライバや，OS の基盤的な部分などはアセンブリ言語による開発が行われることが多い。また，アセンブリ言語はソフトウェア作成のための言語でありながら，コンピュータの原理やその動作を学ぶには非常に適している。すなわちアセンブリ言語でプログラムを作成することによって，よりコンピュータの働きがわかってくるといっても過言ではない。

大形のコンピュータではメーカや機種によって CPU が異なるとともに複雑であるため，ここではパーソナルコンピュータに使われてきた CPU の Z80 や x86 のアセンブリ言語，および情報処理技術者試験に出題される CASL II について説明していこう。

8.3.2　Z80

Z80 は 1970 年代に開発された CPU で種々の用途に使われてきた。この

CPUの演算処理機能はつぎのようなものである。

　　数値演算，論理演算，シフト処理，ビット処理，データ転送処理，ジャンプ処理，コール・リターン処理，入出力処理

ここで数値演算には2進の加減算，インクリメント，デクリメントの機能が，論理演算には論理和，論理積，排他的論理和，比較，補数などの機能が準備されている。また，演算子にはつぎのようなものがある。

＋，－	加減算	＊，／	乗除算
MOD	余り	SHL，SHR	左右シフト
LT	より小さい	EQ	等しい
GT	より大きい	NE	等しくない
NOT	ビット反転	AND	論理積
OR	論理和	XOR	排他的論理和

Z80のレジスタは8ビット構成が基準であるが，16ビット構成のレジスタももっている。

8ビット構成　A, F, B, C, D, E, H, L, I, R, A′, F′, B′, C′, D′, E′, H′, L′

16ビット構成　SP, PC, IX, IY

なお，BとC，DとE，HとLをペアにして，BC，DE，HLは16ビットレジスタとしても使われる。このようなレジスタのうち，A，B，C，D，E，H，Lは汎用レジスタで，一時的に多目的に使われることもある。つぎに各レジスタの用途を示す。

　A：アキュムレータ積算器で算術論理演算の主レジスタ

　B：8ビットのループカウンタ

　F：演算結果のオーバフロー，正負，ゼロの判断を示すフラグレジスタ

　HL：HとLとのペアレジスタで間接アドレッシング用16ビットレジスタ

　PC：現時点で実行されている命令が格納されている番地を示すレジスタ

　SP：指定されたアドレスを示すスタックポインタ用16ビットレジスタ

　IX, IY：基準位置からの相対位置でアドレス指定するインデックスレジスタ

R：DRAM のリフレッシュ用のアドレスを生成するレジスタ
I：割込みの際のアドレス指定に用いられるレジスタ

これらのレジスタを見てみると，Z 80 CPU がもっていた機能や能力がよくわかるであろう．

8.3.3 x 86

この型は 1978 年に開発された 16 ビットの 8086，1982 年に開発された 16 ビットの 80286，1985 年の 32 ビットの 386 などの一連のアーキテクチャを指す．インテルの開発した現在の Pentium につながる CPU である．

x 86 の CPU にはつぎに示す 32 ビットの汎用レジスタが 8 個ある．

　　　EAX，EBX，ECX，EDX，ESI，EDI，EBP，ESP

これらのレジスタは下位 16 ビットを AX，BX，CX，DX，SI，DI，BP，SP としてアクセスできるほかに，AX，BX，CX，DX は 8 ビットのレジスタとしてアクセスすることもできる．

EAX，AX，AH，AL：アキュムレータ　算術論理演算の際に用いられるレジスタ

EBX，BX：ベースレジスタ　メモリアクセスの際のベースアドレスを格納するレジスタ

ECX，CX，CL：カウンタレジスタ　ループの回数などをカウントするためのレジスタ

EDX，DX：データレジスタ　アキュムレータの補助として乗除算の際に用いられるレジスタ

ESI，SI：ソースインデックスレジスタ　ストリング命令の送り元（ソース）のアドレスを格納しておくレジスタ

EDX，DI：デスティネーションインデックス・レジスタ　ストリング命令の送り先のアドレスを格納しておくレジスタ

EBP，BP：ベースポインタレジスタ　スタック領域のベースとなるアドレスを指定するレジスタ

ESP, SP：スタックポインタレジスタ　データなどをスタック領域へ入出力する際に用いられるレジスタ

EIP, IP：命令ポインタレジスタ　つぎに実行する機械語命令を示すレジスタ

EFLAGS, FLAGS：セグメントレジスタ　演算結果などのフラグを示すセグメントレジスタ

このようにx86系CPUのレジスタはZ80より一段と複雑な使い方がされており，CPUとしての性能が上がっていることがわかる。

x86系CPUで取り扱えるデータの種類は整数，BCD（2進化10進符号），ストリング，ポインタ，実数である。整数には符号付きと負数が扱えない符号なし整数があり，8ビットのバイト，16ビットのワードおよび32ビットのダブルワードの整数が定義できる。

また，このCPUでは，実数には，32ビットの単精度，64ビットの倍精度，および拡張精度の2進浮動小数点が準備されている。これらの実数の各表現とその表現範囲をまとめて**表8.1**に示しておく。

表8.1　実数の各表現と表現範囲

	符号部	指数部	有効数字部	有効桁数	範囲
単精度	1ビット	8ビット	23ビット	約7桁	10の±38乗
倍精度	1ビット	11ビット	52ビット	約15桁	10の±308乗
拡張精度	1ビット	15ビット	64ビット	約19桁	10の±4932乗

8.4　アドレス指定

プログラムの一つの命令（ステートメント）は1行に記述され，**名前**（name），**操作**（operation），**被演算子**（operands），**注釈**（comment）などの**欄**（field）から構成されている。名前は変数やラベルの定義を，操作はニモニックを，被演算子はパラメータや引数などを記述する。また注釈は任意の文字列を記述することができる。

8.4 アドレス指定

コンピュータのメインメモリには1バイトごとに番地であるアドレスが付けられていて，このアドレスは**絶対アドレス**（absolute address）と呼ばれる。プログラムやデータはメインメモリに格納されていて，その実行にはメインメモリから命令を読み出すことが必要となり，プログラムが格納されている絶対番地が指定されなければならない。ところがプログラムの全体あるいはその一部を移動したい場合には，絶対アドレスで表しているとすべてのアドレスを書き換えなければならないことになる。ある基準のアドレスを定め，そこを起点としたアドレスで表しておけば，基準のアドレスを変更するだけでプログラムをすべて移動できる。このようなアドレスを**相対アドレス**（relative address）といい，基準のアドレスを**基底アドレス**（base address）という。

図8.1にこれらのアドレスの関係を示しておく。絶対アドレスの512番地から612番地に格納したいときは，基底アドレスに512番地を選び，相対アドレスを加えることによって絶対番地を指定することができる。

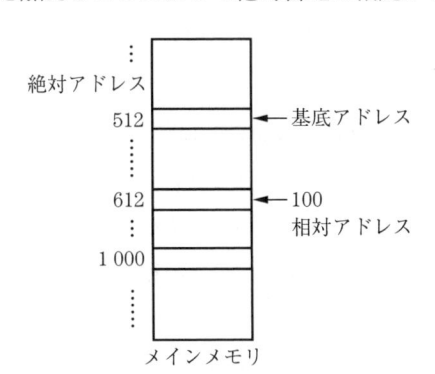

図8.1 絶対アドレスと相対アドレスの関係

3章で述べたようにコンピュータがプログラムの命令を実行するには，まずその命令が格納されているアドレスを指定しなければならない。このアドレスは，実行しようとするプログラムの命令やデータが格納されている番地という意味で，**実効アドレス**（effective address）といい，実際には絶対アドレスと同じである。

プログラムやデータが格納されているアドレスを指定するには，つぎのようないくつかの方式がある。

(1) 即値アドレス指定（immediate addressing） アドレス部の内容が必要なデータそのものであり，そのデータが直接使用できるような方式である．

(2) 直接アドレス指定（direct addressing） アドレス部に，必要なデータが格納されているメインメモリの番地が記述されていて，アドレスを指定することでデータが読み出せる方式である．

(3) 間接アドレス指定（indirect addressing） アドレス部には，必要なデータが格納されているメインメモリの番地が記憶されているアドレスが記述されている．メインメモリに二度アクセスしなければならないので時間がかかるが，プログラムを書き換える必要がなく任意のアドレスを参照できる利点をもつ方式である．

(4) レジスタアドレス指定（register addressing） アドレス部には，必要なデータが格納されているメインメモリの番地が入っているレジスタ番号が記述されていて，レジスタの値によってアドレスを変えられるという特徴をもつ方式である．

(5) インデックスアドレス指定（index addressing） アドレス部は二つの部分をもち，ある指標から数えた番地と指標となるアドレスが記述されているインデックスレジスタの番号とが格納されている．すなわち実効アドレスは，アドレス部の内容とインデックスレジスタの内容との和で定まるような方式である．

(6) 自己相対アドレス指定（self-relative addressing） アドレス部には，実行中の番地が記述されているプログラムカウンタとその番地から数えた番地が格納されている方式である．

(7) ベースアドレス指定（base addressing） アドレス部には，実行中の番地が記述されている基底レジスタとその番地から数えた番地が格納されていて，プログラムの配置を変更したいときには基底レジスタの内容によって行うことができるような方式である．

8.5 CASL

8.5.1 COMET II の構成

情報処理技術者試験は，経済産業省が認定している情報処理技術者のための資格試験である．この試験に出題される架空のミニコンピュータがCOMET IIであり，そのアセンブリ言語がCASL IIである．COMET IIは1語（ワード）が16ビット構成であり，命令には16ビットすなわち1語で表す1語長の命令と，32ビットすなわち2語で表す2語長の命令とがある．

COMET IIには，プログラムカウンタ（PC），スタックポインタ（SP），フラグレジスタ（FR）および汎用レジスタ（GR 0～GR 7）などのレジスタが用意されている．汎用レジスタは16ビットで演算用に，またGR 0以外のレジスタはインデックスレジスタとしても用いることができる．フラグレジスタは3ビットで演算結果の状態を保持し，スタックポインタは16ビットでスタックのいちばん上のアドレスを保持し，プログラムカウンタは16ビットで，つぎに実行する命令のアドレスを保持するレジスタである．

メインメモリの1語は16ビットで，指定できるアドレスは0～65 535で，65 536語の容量をもっている．**図8.2**にCOMET IIの構成を示しておく．

図8.2 COMET II の構成

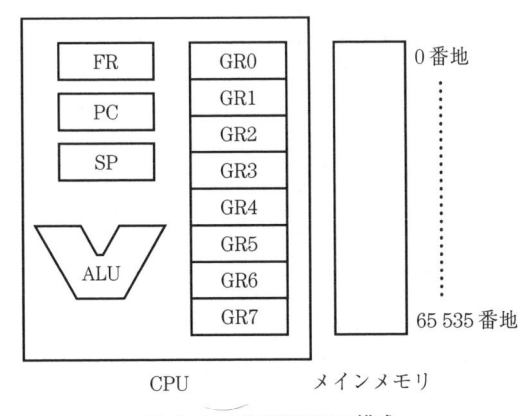

130　8. プログラミングと言語

CASL II の 1 語長の命令は，8 ビットの命令コード（OP）部，4 ビットの汎用レジスタ（GR）指定部および 4 ビットのインデックスレジスタ（XR）指定部とからなる。また 2 語長の命令は 1 語長の命令と 16 ビットのアドレス部からなっている。図 8.3 に 1 語長の命令と 2 語長の命令の構成を示す。

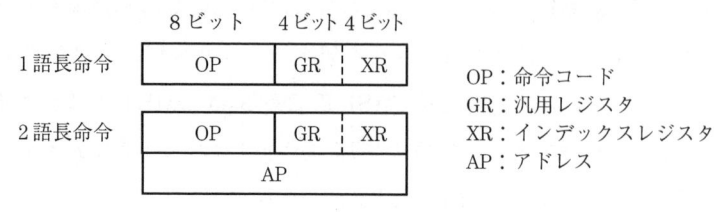

```
            8ビット   4ビット 4ビット
1語長命令   [ OP   | GR : XR ]       OP：命令コード
                                     GR：汎用レジスタ
2語長命令   [ OP   | GR : XR ]       XR：インデックスレジスタ
            [       AP        ]       AP：アドレス
```

図 8.3　命 令 の 構 成

8.5.2　アセンブリ言語—— CASL II

CASL II にはつぎのような 4 個の疑似命令，4 個のマクロ命令および 8 種類 23 個の機械語命令が用意されている。

(**1**)　**疑 似 命 令**

　　START（プログラムの先頭，実行開始アドレスの定義），END（プログラムの終わりの定義），DS（領域の確保），DC（定数の定義）

(**2**)　**マクロ命令**

　　IN, OUT（入出力），RPUSH, RPOP（レジスタの退避と復元）

(**3**)　**機械語命令（ニモニックコード）**

　① ロード・ストア命令

　　　LD (load), ST (store)

　② ロード・アドレス命令

　　　LAD (load effective address)

　③ 算術・論理演算命令

　　　ADDA (add arithmetic), SUBA (sub arithmetic), ADDL (add logical), SUBL (sub logical), AND, OR, XOR (exclusive OR)

　④ 比較演算命令

CPA (compare arithmetic), CPL (compare logical)

⑤ シフト演算命令

SLA (shift left arithmetic), SRA (shift right arithmetic), SLL (shift left logical), SRL (shift right logical)

⑥ 分岐命令

JPL (jump on plus), JMI (jump on minus), JZE (jump on zero), JNZ (jump on nonzero), JUMP (unconditional jump), JOV (jump on over flow)

⑦ スタック操作命令

PUSH (push effective address), POP (pop up)

⑧ サブルーチン命令

CALL (call subroutine), RET (return from subroutine), SVC (supervisor call), NOP (no operation)

CASL Ⅱ には 28 のニモニックコードが準備されているが，そのいくつかのニモニックコードとそのオペランド[†]を示すとつぎのようになる．これらの命令の機能説明も付しておく．なお [X] は，X がある場合もない場合もあることを示している．また，LBL はラベルの意味で，LBL によって示される番地に入っている内容を指す．

ニモニック	オペランド	機能
LD	GR, LBL [, XR]	実効アドレスの内容を GR に入れる．
ST	GR, LBL [, XR]	GR の内容を実効アドレスに入れる．
LAD	GR, LBL [, XR]	実効アドレスを GR に入れる．
ADDA	GR, LBL [, XR]	実効アドレスの内容を GR に加算する．
SUBA	GR, LBL [, XR]	実効アドレスの内容を GR から減算する．
AND	GR, LBL [, XR]	GR の内容と実効アドレスの内容とのビットごとの論理積を GR に入れる．
CPA	GR, LBL [, XR]	GR と実効アドレスの内容を比較する．
SLA	GR, LBL [, XR]	実効アドレスで指定したビット数だけ GR の内容を左に移動する．

[†] オペレータは +，− などの演算子のことで，オペランドは変数や定数などの被演算子のことである．

JPZ	LBL [, XR]		FRが0のとき実効アドレスに分岐する。	
JUMP	LBL [, XR]		無条件に実効アドレスに分岐する。	

8.5.3　CASL II のプログラム

　アセンブリ言語によるプログラムについて例題を挙げ説明していこう。つぎのプログラムにおいて左端はプログラムが格納されているアドレスを示している。16進数の8000番地から800A番地に格納されている。プログラム1には，コロンの右側に機械語を16進数で示した。

【プログラム1（加算）】

```
                        START
8000：1010 8008         LD      GR1, A
8002：1020 8009         LD      GR2, B
8004：2412             ADDA    GR1, GR2
8005：1110 800A         ST      GR1, C
8007：8100              RET
8008：0003        A     DC      3
8009：0005        B     DC      5
800A：7FFF        C     DS      1
  ：                    END
```

　まず8000番地の命令は，「ラベルAに入っている数値の3をレジスタ1（GR1）にロードせよ」ということである。この命令は4バイトからなるので，8000番地と8001番地とに16ビットずつ格納されている。機械語の意味は16進数を2進数に変換してみるとつぎの通りである。

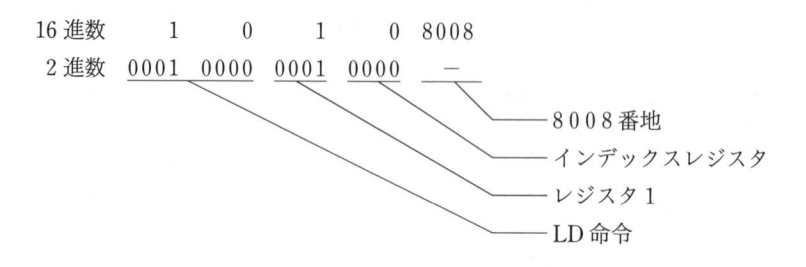

```
16進数      1    0    1    0    8008
2進数    0001 0000 0001 0000    ―
                                └── 8008番地
                           └────── インデックスレジスタ
                      └─────────── レジスタ1
                 └──────────────── LD命令
```

8002番地の命令は，「ラベルBに入っている数値の5をレジスタ2にロードせよ」であり，つぎの8004番地の命令は「レジスタ1の内容とレジスタ2の内容を加算し，結果をレジスタ1に格納せよ」である。ちなみに，8004番地の命令ADDAは算術加算で，つぎのような意味である。

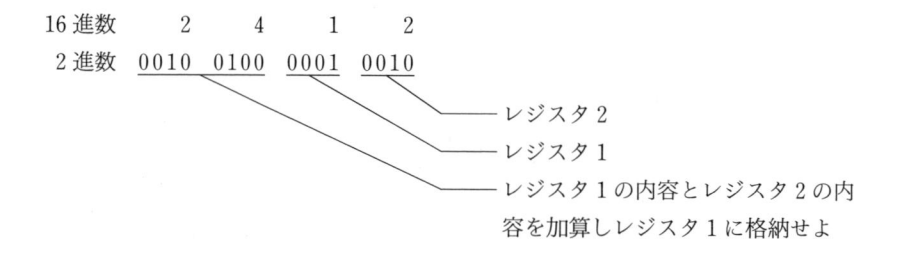

```
16進数     2     4     1     2
2進数    0010  0100  0001  0010
                              └── レジスタ2
                        └────── レジスタ1
                  └──────────── レジスタ1の内容とレジスタ2の内
                                容を加算しレジスタ1に格納せよ
```

8004番地の命令は1語長命令であるので，つぎの命令は8005番地からになる。8005番地の命令は「レジスタ1の内容をラベルCに格納せよ」ということである。すなわちプログラム1は被加数と加数をそれぞれ8008，8009番地に入れておき，その加算を行い，結果を800A番地に格納するプログラムである。

【プログラム2（繰返し加算）】

		START	
8000：		LD	GR1，V5
8002：		LD	GR2，V0
8004：	LOOP	ADDA	GR2，GR1
8005：		SUBA	GR1，V1
8007：		JPL	LOOP
8009：		ST	GR2，ANS
800B：		RET	
800C：	V0	DC	0
800D：	V1	DC	1
800E：	V5	DC	5

```
800F：ANS     DS      1
   :         END
```

まずロード命令によりレジスタ1,2にそれぞれ5,0が入れられる。

8004番地のADDA命令により,(5+0)が実行され,その結果の5がレジスタ2に入る。

レジスタ1の内容からラベルV1の値が減算される。すなわち(5-1)が行われ,レジスタ1の内容は4となる。

この結果が正であれば8007番地のJPL命令によりラベルLOOPの8004番地にジャンプする。

このループを1回まわるごとにレジスタ1の内容は-1され,4回で0となる。このときJPL命令の条件を満たさなくなるのでループを抜け出して8009番地に行き,レジスタ2の内容を800F番地に格納する。

ループをまわるごとにレジスタ1とレジスタ2の内容が加算されるので,4回ループをまわると(5+4+3+2+1)が計算され,レジスタ2の内容は答の15となる。これがラベルANSに格納されるわけで,このプログラム2は繰返し計算を行うプログラムである。

【プログラム3 (5倍計算)】

```
              START
8000：        LD      GR1, DATA
8002：        SLA     GR1, 2
8004：        ADDA    GR1, DATA
8006：        ST      GR1, ANS
8008：        RET
8009：DATA    DC      23
800A：ANS     DS      1
   :          END
```

最初に23がレジスタ1にロードされる。8002番地のSLA命令では,レジ

スタ1の内容を左に2ビットだけシフトさせるということであり，つぎに示すように4倍することである．

　10進数　　23
　2進数　　0001 0111
　シフト後　0101 1100　……　10進数で92（＝23×4）

さらに8004番地では，レジスタ1の内容である上で得られた92と元のデータの23とを加算する．4倍と1倍とで合わせて5倍された値がレジスタ1に残ることになり，この値が800A番地に格納される．すなわちプログラム3はDATAで与えた10進数の5倍を計算するプログラムである．

8.6　高水準言語の型

　高水準言語とは人間の言葉に近い言語で，われわれが日常的に使っているような書き方をする言語である．自然言語には日本語のほかに，英語，仏語，独語や中国語などいろいろな言語がある．同じように高水準言語にも目的に応じて種々な言語がある．コンピュータが発展し普及したのも，国際的に通用するこの高水準言語が標準化されてきたことにもよる．もちろん言語を含めソフトウェアが高度なものになったのは，コンピュータのハードウェアの進歩に大きく依存していることはいうまでもない．

　高水準言語といわれる言語は，つぎのようないくつかの型に大別できる．

　（**1**）　**手続き型言語**　　処理の方法や手順などを逐次的に記述するような言語で，プログラムの流れは記述された順序に従って実行される．処理方法や手順を自由に選ぶことができ，場合によってはより効率的なプログラムを作成することが可能である．実際に，FORTRAN，COBOL，C，Javaなどはその例である．

　（**2**）　**関数型言語**　　関数の形で記述し，その関数の評価すなわち演算によって実行する言語で，LISP，APLなどがこの型の代表的な言語である．

　（**3**）　**論理型言語**　　論理学の規則に従い，事実と定理から推論によって処

理を進めていく型であり，Prologなどはこの型の言語である．

（4）**オブジェクト指向言語**　データとその処理手続きを一体化してオブジェクトとし，処理は各オブジェクトからの応答として進められる．このオブジェクトによってプログラムを作成する方式を，オブジェクト指向プログラミングという．オブジェクトを組み合わせてプログラムを構成できるし，再利用もできる．これらのオブジェクトはカプセル化されていて，そのデータに外部から直接アクセスできないようにすることもでき，再利用時にプログラムミスを少なくすることもできる．

これと同様にオブジェクトを変更・修正した場合もその入出力部分が同じであれば，利用者はその中身を意識しないでよいという特徴をもっている．Smalltalk，C++，Javaなどがこの型の言語である．

8.7　高水準言語のいろいろ

現在使用されている高水準言語を開発年代順に紹介していこう．

FORTRAN（フォートラン：FORmula TRANslator）　1957年IBMのシステム用にバッカス（Backus）らによって開発された科学技術計算用で，現在でも使われている言語である．ANSIやJISでも標準化されている．JIS規格は1994年に制定され，Fortranと小文字表現になっている．

ALGOL（アルゴル：ALGorithmic Language）　1958年にヨーロッパで開発された科学技術用言語であるが，PL/1（ピー・エル・ワン）と同じくあまり使われなかったが，構造化の概念を持ち込み，Pascal，C，ADAなどの後の言語に影響を与えた重要な言語である．

COBOL（コボル：COmmon Business-Oriented Language；共通事務用言語）　1959年にCODASYL（The COnference on DAta SYstems Language）によって制定された事務処理用の言語で，1972年ISO規格，JIS規格が制定され，現在でもきわめて多くの人に利用されている．

LISP（リスプ：LISt Processing）　1959年にMITの人工知能研究者で

あるマッカーシー（J. McCarthy）によってリスト処理言語として開発された。人工知能関係のシステムの多くは LISP によって記述されている。

BASIC（ベーシック：Beginer's All-purpose Symbolic Instruction Code）
1965年ケメヌ（J. Kemenu）とクルツ（T. Kurtz）によって初心者用で教育用の会話型言語として開発された。文法が簡単で，データの構造や種類も多くないため習得が早い。パソコンに搭載されていたこともあり，その後種々の機能が追加され標準化もされている。

Pascal（パスカル）　1971年チューリッヒ大学のヴィルス（N. Wirth）によって，プログラミング言語の教育用に提案された言語であり，わかりやすいプログラムを目指して構造化されている。フランスの哲学者で数学者の Pascal に因んで名前が付けられた。1990年に JIS に制定されている。

Prolog（プロログ：Programming in logic）　1971年頃マルセイユ大学のコルメラウア（A. Colmerauer）らによって開発された言語で，コワルスキ（R. Kowalski）は述語論理と対応させて数学的な裏付けをした。1980年代の通産省の（財）新世代コンピュータ技術開発機構において論理プログラミングの言語として精力的に研究され，その結果，人工知能の分野において LISP と並んで使用されている。

C（シー）　1978年にトンプソン（K. Thompson）の作った B 言語を基に，ベル研究所のリッチー（D. M. Ritchie）によってシステム記述用として開発された。彼は UNIX の開発に携わっており，この UNIX も C 言語で記述されている。C 言語は移植性が高く，種々のソフトウェアも C 言語で書かれるようになり，1990年に ISO/IEC の国際規格が制定され，日本でも JIS 規格として1993年に制定された。

　C 言語はシステムの記述に適しているため OS や制御用プログラムの作成に用いられる。C 言語は，ポインタの機能やメモリのビット操作などの機能が豊富であるが，その反面それだけプログラムミスも多くなりがちである。そのため，大規模プログラムの生産効率を高めるためにオブジェクト指向の要素を取り入れた C++ がベル研究所のストラウストラップ（B. Stroustrup）によっ

て開発され，広く用いられている．その後 C♯も開発されている．

Ada（エイダ）　1980 年頃にアメリカ国防総省によって高信頼性，保守の容易さなどを目標として開発された言語である[†]．

Java（ジャバ）　1991 年にサン・マイクロシステムズ社で**ゴスリン**（J. Gosling）によって開発された言語で，発表は 1995 年である．「Write once, run anywhere」といわれるようにプラットフォームに依存せずに容易に移植できる特徴をもっていて，ネットワークに接続されたコンピュータ上でアプリケーションを開発するのが容易である．文法は C++ を基にしているが，ネットワーク上の利用を考慮して改良され，ポインタ，構造体，多重継承などの概念を省いてバグの発生を減少させている．

Java はインターネット関係に対応するオブジェクト・クラスが用意されていて，HTML の中から呼び出して実行することができる．また Java はオブジェクト指向のプログラミング言語であり，Java アプレットは HTML 形式でネットワーク上で動作させることができる．なお Java のプログラムはバイトコードである中間言語で記憶され，インタプリタである仮想マシン（Java virtual machine）で解釈され，実行される．

HTML（Hyper Text Markup Language）　テキストのみでなく画像・図を取り扱うことができるウェブページを記述するためのマークアップ言語であり，ホームページのコンテンツの構造を記述できる．HTML は命令の種類も少なく修得が容易である．科学技術論文などの文書ソフトである LaTeX と同様に，その記述はタグで単語や文章を挟む．この言語の特徴は，文中のある単語から別のファイルや別のコンピュータ上のファイルへリンクすることができることにある．すなわち，ある単語から別のファイルにリンクを張ることができる．1997 年に公開された．

なお**マークアップ言語**（markup language）とは，特別な文字列のタグに

[†] 1980 年に開発されたプログラミング言語の Ada は英国の詩人バイロンの娘である**エイダ・バイロン**（Augustine Ada Byron）に因んで名付けられた．彼女は，バベッジの解析エンジン発明において，その計算手続きの作成に多大な貢献があったからといわれる．

よって文書を囲うことで，文章構造や文字情報を記述していく言語である．マークアップ言語で書かれた文書はテキストファイルになるため，テキストエディタによって容易に読むことが可能である．

8.8 第4世代言語

ここで言語を世代別に分けてみるとつぎのようになる．
　第1世代言語は機械語，第2世代言語はアセンブリ言語，第3世代言語は高水準言語である．第4世代言語は高水準言語である第3世代言語より抽象度の高い命令をもつプログラム言語で，ソフトの開発や保守の生産性を上げて，コスト削減を目指している．
　事務処理プログラムやデータベースアクセス用の新しい言語のことをいい，つぎのような特徴をもっているとされる．すなわち，第3世代言語よりずっと生産性が高く，習得が容易で，手続き型ではないような言語である．

演習問題

【1】下記のア～コの単語で空白を埋めよ．
　　プログラミング言語で書かれた（　a　）を実行させるためには，（　b　）や（　c　）によって，機械語の（　d　）に翻訳する必要がある．このような翻訳を同時通訳のようにリアルタイムに実行するのが（　e　）型言語である．
　　人間がわかりやすいように機械語命令の一つひとつに対応した英単語やその略語によって表した（　f　）を用い，機械語と対応している英文字列で記述する（　g　）言語が使われるようになった．
　　高水準言語には処理の方法や手順などを逐次的に記述していくような（　h　）型言語，関数の形で記述してその演算によって実行する（　i　）型言語，あるいは事実と定理から推論によって処理を進めていくような（　j　）型言語などがある．
　ア　アセンブラ　　イ　インタプリタ　　ウ　ソースコード
　エ　アセンブリ　　オ　オブジェクトコード　　カ　関数　　キ　論理

ク　ニモニックコード　　ケ　手続き　　コ　コンパイラ

【2】 つぎの文を読んで設問に答えよ。
　　　機械語は人間にとってはなかなかわかりにくいし，プログラムの変更や修正あるいは他人の作成したプログラムの解読なども非常に困難である。
（a）　その理由を説明せよ。
（b）　人間にとってわかりやすい言語とはどんな言語のことか。

【3】 つぎの説明に該当する高水準言語を記せ。
（a）　1957年IBMのシステム用に開発された科学技術計算用で，現在でも使われている言語である。
（b）　1959年にCODASYLによって制定された事務処理用の言語であり，現在でも使われている。
（c）　ベル研究所においてシステム記述用として開発された。この言語は移植性が高く，種々のソフトウェアもこの言語で書かれるようになり，1990年に国際規格が制定され，日本でもJIS規格として1993年に制定されている。
（d）　サン・マイクロシステムズ社で開発された言語で，プラットフォームに依存せずに容易に移植できる特徴をもっていて，ネットワークに接続されたコンピュータ上でアプリケーションの開発などに適している。
（e）　1965年初心者用で教育用の会話型言語として開発された。文法が簡単で，データの構造や種類も多くないため習得が早い。

【4】 つぎのプログラムは，1からNまでの正整数を加算するものである。これについて各設問に答えよ。

```
            START
            LD      GR1, C0
            LD      GR2, N
            LD      GR3, （イ）
    LOOP    （ロ）    GR1, C1
            ADDA    GR3, （ハ）
            SUBA    GR2, GR1
            （ニ）    LOOP
            ST      （ホ）, ANS
            RET
    C0      DC      0
    C1      DC      1
```

N	DC	5
ANS	DS	1
	END	

(a) 空白を埋めよ。
(b) プログラムが終了するまでにラベル LOOP の命令は何回実行されるか。

【5】 つぎのプログラムは TWO というラベルに格納されている二つの数を A，B に格納して加算し，その結果を ANS に格納するものである。このプログラムについて設問に答えよ。

REI1	START		
	LD	GR1, ONE	……… ①
	LD	GR2, TWO	……… ②
	ST	GR2, A	……… ③
	LD	GR3, TWO, GR1	……… ④
	ST	GR3, B	……… ⑤
	ADDA	GR3, GR2	……… ⑥
	ST	GR3, ANS	……… ⑦
	RET		……… ⑧
ONE	DC	1	
TWO	DC	3, 5	
A	DS	1	
B	DS	1	
ANS	DS	1	
	END		

(a) レジスタ GR2，GR3 の内容を ②，④，⑥ の各ステップごとに書け。
(b) ⑤ と ⑦ の ST 命令を入れ替えると，このプログラムはどうなるか。

【6】 つぎのプログラムは DATA で与えた二つの数の比較をするものである。つぎの設問に答えよ。

REI1	START		
	LD	GR1, ONE	……… ①
	LD	GR2, DATA	……… ②
	LD	GR3, DATA, GR1	……… ③
	LD	GR5, GR3	……… ④
	SUBA	GR5, GR2	……… ⑤
	JPL	P	……… ⑥

8. プログラミングと言語

```
            ST      GR3, ANS        ……… ⑦
            JUMP    Q               ……… ⑧
    P       ST      GR2, ANS        ……… ⑨
    Q       RET                     ……… ⑩
    ONE     DC      1
    DATA    DC      7, 12
    ANS     DS      1
            END
```

（a） ANS には小さいほうか，大きいほうかどちらの数が格納されるか。

（b） ステップ ④ の LD 命令はなぜ必要か。

（c） LD 命令以外の ⑤〜⑩ のステップにおいて，JPL と JUMP の二つの分岐命令があるが，⑤〜⑩ のステップを変えて分岐命令を一つにしたい。どのようにすればよいか。

9 オペレーティングシステム

オペレーティングシステム（operating system；**OS**）としては，マイクロソフト社の Windows，アップル社の Mac OS，あるいは UNIX や Linux などがよく知られている．本章では，このようなオペレーティングシステムの役割や動作について説明していこう．

9.1 オペレーティングシステムの歴史

オペレーティングシステムの発展を見てみるとコンピュータと同じように，つぎのような五つの世代に分けることができる．

（*1*）**第 0 世代**　コンピュータの初期の時代には，ほとんどプログラムは機械語で書かれ，ユーザも限定されていた．そのため，オペレーティングシステムと呼ばれるものは存在しなかった．

（*2*）**第 1 世代**　1950 年代に入ると複数のジョブを連続して処理するようなバッチ処理が主であった．この時代にはテープ・カードリーダやラインプリンタなどが入出力機器として現れ，それらのデバイスドライバはコンピュータに組み込まれるようになってきた．

（*3*）**第 2 世代**　1960 年代では複数のユーザが同時にコンピュータを使えるような枠組みが現れ，マルチプログラミングやタイムシェアリングシステムが取り入れられた．また，オペレーティングシステムに仮想記憶装置の手法が採用された．

9. オペレーティングシステム

（4）第3世代　1964年に開発されたIBMのOS/360からこの世代に入ったと考えられている。この世代のオペレーティングシステムは現在につながる種々の仕組みが取り入れられてきた世代である。

（5）第4世代　第3世代に続くもので，基本的には現在のオペレーティングシステムと同じ機能をもつものである。ネットワークや分散処理などの新しい環境，あるいはパソコンやワークステーションなどの新しい機器に応じた機能をもつようになってきた世代である。

以下いくつかのおもなオペレーティングを示しておく。

OS/360　1966年IBMのシステム/360のオペレーティングシステムであり，バッチ処理と実時間処理の機能をもっていた。

MVS　IBMの汎用機のためのオペレーティングシステムである。

MS-DOS（Disk Operating System）　1981年に発表された16ビット用のオペレーティングシステムである。階層的なディレクトリ構造をもち，ファイル管理が容易なUNIXと似た機能をもっていたオペレーティングシステムである。MS-DOSはキャラクタベースのオペレーティングシステムで，命令などをキーボードから入力してやらなければならなかった。

MS-Windows　1985年に発表され，MS-DOSにアイコンなどのGUIを整備し，マウス入力を容易にし，マルチタスクを可能にした32ビット用のオペレーティングシステムであった。1992年に発表されたVer.3.1から急速にユーザが広がった。

DOS-V　日本IBM社が開発したオペレーティングシステムで，ソフトウェアによって日本語処理を行うものであった。

Mac OS　1984年にマッキントッシュ用に開発されたオペレーティングシステムで，ユーザにとって使いやすいマルチウィンドやGUIの機能を取り入れた最初のオペレーティングシステムであった。

OS/2　IBMの32ビットパソコン用にIBMとマイクロソフトが共同によって開発したオペレーティングシステムで，マルチタスクやネットワーク機能に特徴がある。

9.1 オペレーティングシステムの歴史

UNIX 1968年にアメリカAT&T社のベル研究所で開発されたワークステーション用のオペレーティングシステムである．移植性の高いC言語で記述されており，ソースコードが比較的コンパクトであったことから，多くのプラットフォーム†に移植された．また大学，研究所やコンピュータメーカによって，独自の機能をもつような多くのオペレーティングシステムが開発されている．サン・マイクロシステムズ社のSolaris，カリフォルニア大学バークレー校の**BSD** (Berkeley Software Distribution) やLinuxなどもその例である．

UNIXはマルチタスク機能やネットワーク機能をもち，安定性に優れているとともにセキュリティに対しても強い．このためUNIXは学術機関や企業の研究所などを中心に広く普及しており，データベースなどの大規模なアプリケーションソフトが豊富なことから，企業の基幹業務用のサーバとしても多く採用されている．

CP/M シアトルコンピュータプロダクト社によってIntel 8080用の8ビットオペレーティングシステムとして開発されたものであった．

Linux 1991年にフィンランドのヘルシンキ大学の大学院生であった**リヌス・トルバルス** (Linus B. Torvalds) によって開発された，UNIXと互換性のあるオペレーティングシステムである．このオペレーティングシステムの特徴はフリーソフトウェアとして公開され，世界中のユーザ達によって改良が重ねられていることである．

Linuxは比較的性能の低いコンピュータでもその動作は軽く，ネットワーク機能やセキュリティーに優れ，安定性も高い．また，不要な機能を削り，必要な機能だけを選択してオペレーティングシステムを再構築することができる利便性をもっている．Linuxは通常，コマンドやインストーラ，ユーティリティなど，システムの構築・運用に必要な種々のソフトウェアと一緒に配布されている．なお，**ディストリビューション** (distribution) というのはカーネルと

---

† コンピュータのハードウェアとオペレーティングシステムなどの基礎的な部分を指す言葉．

9. オペレーティングシステム

これらのソフトウェアをまとめた配布用のパッケージのことである。

トロン（The Real-time Operating system Nucleus；**TRON**）　1984年に東京大学の坂村健が提案したオペレーティングシステムの仕様である。トロン仕様のオペレーティングシステムを，トロンということもあるが，トロンとはオペレーティングシステムの名前ではない。ネットワークに接続された**分散システム**（highly functionally distributed system；**HFDS**）の実現を目指したプロジェクトから生まれたもので，オープンアーキテクチャとして，そのソースが公開されている。なお，Windowsのようにソースコードを公開しないアーキテクチャをクローズドアーキテクチャという。

トロン仕様によるオペレーティングシステムの内容は各システムでそれぞれ異なるが，仕様だけは満足されている。

携帯電話や端末，デジタルカメラ，DVDなどの情報家電はコンピュータ技術に基づくもので，ネットワークを通してコンピュータやその他のデジタル機器に接続され，使用されることが多い。トロンはリアルタイム性を重視して設計されたオペレーティングシステムの仕様であるので，情報家電用のオペレーティングシステムに適している。また，制御機器や自動機械あるいはICタグのような産業機器にも適しており，21世紀の重要なオペレーティングシステム仕様であるとみなされている。このためトロンには機器の種類に応じてつぎに示すようないろいろな仕様が制定されている。

（**a**）　**BTRON**（Business TRON）　パソコンやワークステーション用のオペレーティングシステムの仕様である。

（**b**）　**CTRON**（Communication and Central TRON）　通信制御や情報処理を目的としたオペレーティングシステムのためのインタフェースの仕様である。

（**c**）　**ITRON**（Industrial TRON）　産業機器や民生機器などの組み込みシステム用のリアルタイムオペレーティングシステムの仕様である。最低限の機能で動作するので非常にコンパクトで，リアルタイム性に優れているもののネットワークからのダウンロードやグラフィック関係の機能はもってい

ない。

（**d**） **JTRON**（Java TRON） ITRONの優れた機能とJavaの移植性などを重視したトロン仕様である。JavaによるITRONを組み込んだ機器の制御やユーザインタフェースの実装を目的としている。

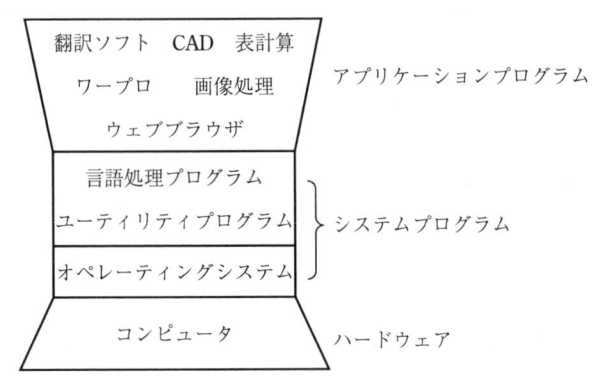

9.2 オペレーティングシステムの位置

コンピュータはハードウェアとソフトウェアから構成されて動く。このときハードウェアに対して直接制御や管理を行うものがシステムプログラムであり，いわゆるアプリケーションプログラムがこのシステムプログラム上で動くことになる。

システムプログラムの中で最も重要な役割を占めるのがオペレーティングシステムである。すなわちオペレーティングシステムはハードウェアとソフトウェアとを結ぶ接続的な役割をもっている。

これらの関係を示したのが図 **9.1** であり，階層構造のようになっていることがわかる。図中，言語処理プログラムには，コンパイラ，インタプリタ，アセンブラなどが，ユーティリティプログラムには，テキストエディタやサブルーチンライブラリなどが含まれている。

翻訳ソフト　CAD　表計算	アプリケーションプログラム
ワープロ　画像処理	
ウェブブラウザ	
言語処理プログラム	
ユーティリティプログラム	システムプログラム
オペレーティングシステム	
コンピュータ	ハードウェア

図 **9.1** オペレーティングシステムの位置

9.3 オペレーティングシステムの役割

　初期のプログラムは計算をさせることが主な目的であったが，当時はコンピュータにプログラムを入れてやれば，自動的にただちに実行される仕組みになっていた。このためとくにオペレーティングシステムといわれるようなものはなかった。入力装置も一つ，出力装置も一つで，個人のプログラムだけに自由に時間を使えばよいような使用形態では，オペレーティングシステムは必要なかったわけである。ところが，コンピュータの利用が増えてくるに従い，コンピュータの中で最も重要なCPUを遊ばせないで，すなわち使用効率を上げることによって多数のユーザの要望に応えるシステムが提供されるようになった。

　コンピュータの各部での処理速度を見てみるとつぎのようにその違いは非常に大きいことがわかる。

CPU	0.1〜1 ns	レジスタ	1〜20 ns
キャッシュメモリ	20〜80 ns	メインメモリ	100〜200 ns
ハードディスク	20〜100 ms	キーボード	0.1 s
印刷（1字）	1〜10 ms		

したがって，CPUで演算を行い，その結果を印刷する場合を考えると，ほとんどの時間はCPUが働いてない無駄な時間となってしまう。印刷している間に他の仕事をCPUにさせれば，それだけコンピュータの働きは効率的となる。また，コンピュータへの入力装置としてキーボードやマウスなど種々の機器が出現し，出力装置もモニタやプリンタあるいはコンピュータネットワークなど複雑になってきたし，外部記憶装置やスキャナ，TVチューナなどの外部接続機器もコンピュータに接続されるようになってきて，全体を効率よく働かせるには何らかの仕組みが必要になってきたわけである。すなわち，CPUの処理の流れが複雑になってきたために，コンピュータ全体を制御し，管理するシステムが必要になってきたのである。

　コンピュータの処理速度，計算能力，メモリ容量などのいわゆるコンピュー

タの資源を効率よく活用することが重要であり，この仕組みを提供しているのがオペレーティングシステムなのである。言い換えると，オペレーティングシステムはコンピュータのハードウェア全体を統御し，あたかもオペレーティングシステムという名前の仮想的なコンピュータを作り，その上で応用ソフトウェアを動かすようなシステムでもあるといえよう。例えばディスクにデータを保存する方式もオペレーティングシステムによって決まってしまう。しかし，ユーザからみれば，外部記憶装置のフロッピーディスクやハードディスクなどを特に意識する必要がなく，メーカや機種の異なるコンピュータでもオペレーティングシステムが同じであれば，同じ働きをしてくれる。この意味で，オペレーティングシステムは仮想的なコンピュータを実現する仕組みを提供するものともいえる。

以上をまとめるとオペレーティングシステムの役割はつぎのようになる。

（**1**）　**資源管理システム**　　CPU，メインメモリやディスク装置などのハードウェア資源およびプログラムやデータなどのソフトウェア資源を管理するシステムを提供する。すなわち多種多様な資源に対する利用の要求に応じて，その効率的な管理を図る。

（**2**）　**制御プログラム**　　種々のハードウェアを操作する目的の一群のプログラムであって，CPUや記憶装置などへのアクセスを制御する。

（**3**）　**仮想コンピュータ**　　ユーザに有用なハードウェアの操作を抽象的な概念によって提供し，ハードウェアに関係しない，あたかも高度な機能をもった仮想的なコンピュータを提供する枠組みを与えている。

オペレーティングシステムの働きをまとめると**表 9.1** に示すようになる。

表 9.1　オペレーティングシステムの働き

システム制御	開始処理，装置管理，障害管理，終了処理
実行管理	ジョブ管理，タスク管理，プロセス間制御，メモリ管理，割り込み制御
ファイル管理	ファイル操作，ファイル管理，ディレクトリ制御
入出力制御	外部機器制御，通信ネットワーク制御

すなわち,「システム制御」,「実行管理」,「ファイル管理」および「入出力制御」とがある。これらについて以下述べていこう。

9.4 システム制御

　システム制御はユーザがコンピュータの電源を投入してから,オペレーティングシステムが起動し,使用する各装置が障害なく動作するよう制御・管理し,また障害が生じたときの対策を実行し,すべての処理が完了して電源を切断するまでのあらゆる制御を人間に代わって行う。

　開始処理では,各装置やバスなどのハードウェアの初期化およびソフトウェアのリセットを行う。ソフトウェアによりハードウェアが確実に動作するように設定したり,メモリでは利用する領域の初期化をしたり,磁気ディスクなどの回転が一定してアクセス可能になる状態を作ったりする。

　終了処理はコンピュータの仕事を終了し,コンピュータの電源を切り,つぎの開始処理を可能な状態にするための処理のことである。終了には正常終了と異常終了とがある。異常終了の原因には,オペレーティングシステム自体のプログラムの誤動作による場合やメモリなどの障害による場合もある。いずれの場合にも障害の原因を報告したり,異常状態を外部記憶装置に書き出すなどの処置をとるようになっている。

9.5 実行管理

　対象とするプログラムに従って処理が実行されるが,実際にコンピュータの中では,ハードウェアやソフトウェアの効率的な使用やマルチプログラミングなどの複雑な処理形態を実行することになる。そのためには各装置の制御機構が重要であり,これらを一括して管理していく機能が必須となる。このような管理について以下少し詳しく述べていこう。

9.5.1 ジョブ管理

ジョブ（job）とは，ユーザがコンピュータに仕事を一括して処理させる場合の単位で，通常は単一のプログラムとか一連の連続的なプログラムのことである。

コンピュータに加えられた複数のジョブは**ジョブスケジューラ**（job scheduler）によってその実行のスケジュールを管理され，ジョブを構成するジョブステップを生成し，つぎのような流れに従って効率的に実行される。

ジョブの入力 ⇨ 開始 ⇨ ジョブステップの実行 ⇨ 終了 ⇨ ジョブの出力

9.5.2 タスク管理

タスク（task）とはコンピュータの内部処理の単位であって，プログラムの処理が効率よく実行されるために小さく分けた処理単位である。すなわち一つのジョブは複数個のジョブステップに分けられ，各ステップはタスク管理に引き渡されて，タスクが生成されることになる。このようなタスクには以下のように生成から消滅までの三つの状態がある。

① **実行状態**　　CPU の使用権が与えられ実行できる状態のタスク
② **実行可能状態**　　実行可能であるが CPU を待っている状態のタスク
③ **待機状態**　　入出力の処理中で，その終了を待っている状態のタスク

これらのタスクには優先順位がつけられ，その順位に従って実行される。このような処理を行うプログラムが**ディスパッチャ**（dispatcher）である。

なお，**プロセス**（process）とは，実行中のプログラムのことを指し，UNIX で使用されている用語で，タスクと同じ意味である。

CPU が高性能になり，処理速度が補助記憶装置や入出力装置に比べ桁違いに早くなってきたことで，なるべく CPU の遊休時間を少なくするために，CPU に一つだけでなく複数個のタスクを同時に実行させるような仕組みが考え出された。これが**マルチプログラミング**（multiprogramming）または**マルチタスク**（multitask）と呼ばれるものである。例えば，タスク A で補助記憶装置のファイルを読み込む場合を考えよう。このとき実際に補助記憶装置の読

込みが終わるまで，CPU は遊休となってしまう。したがってこの遊休時間にタスク B を CPU にさせれば効率は高くなる。

これに対して，一つの CPU が一つのタスクしかしない仕組みをシングルタスクという。DOS はシングルタスクのオペレーティングシステムであったが，Windows や Mac OS はマルチタスクのオペレーティングシステムである。**図 9.2** にシングルタスクとマルチタスクの動作を示す。

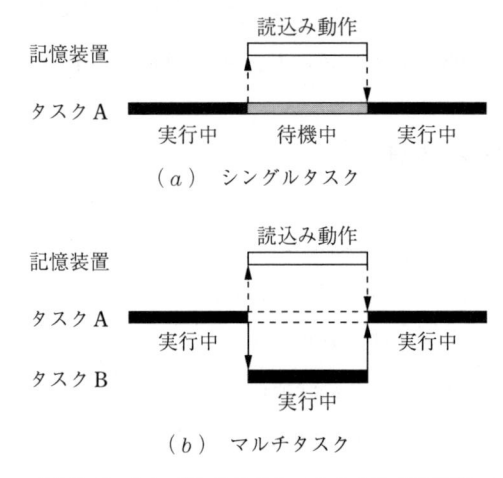

```
            読込み動作
記憶装置  ┌──────┐
          │      │
タスクA ━━━━▓▓▓▓▓▓━━━━
        実行中 待機中 実行中
         (a) シングルタスク

            読込み動作
記憶装置  ┌──────┐
          │      │
タスクA ━━━━┄┄┄┄┄┄━━━━
        実行中        実行中
タスクB       ━━━━━━
               実行中
         (b) マルチタスク
```

図 **9.2** シングルタスクとマルチタスクの動作

効率よくマルチタスクを実現させるには，タスク実行の順番や必要な資源の割り当てなど種々の点を考慮に入れておかねばならない。このようなタスクの実行計画あるいは CPU 使用の効率化を計画することがスケジューリングであり，スケジューリングはタスク管理の重要で基本的な仕事となっている。

9.5.3 割込み制御

タスク管理における基本的なものに割込み処理がある。割込みとは，CPU の実行中に，システムに発生する種々の問題状況に応じて，あらかじめ定められた命令を実行させる機能のことである。ハードウェアによるものを**割込み** (interrupt)，ソフトウェアによるものを**例外** (exception) と呼んでいるが，

前者をハードウェア割込み，後者をソフトウェア割込みということもある。

また，割込み命令によるものを**トラップ**（trap），オーバフローなどによるものを**フォールト**（fault），まったくのエラーを**アボート**（abort）ともいう。

割込みは，マウスを動かすとか，キーボードから入力する場合，周辺機器などがコンピュータに出す要求であり，コンピュータはそれに応じて処理を中断し，割込み処理を行うことになる。これはコンピュータのCPUの処理速度が周辺機器より桁違いに速いことに起因するもので，周辺機器側の処理の終了を割込みによってCPUに通知するようになっているからである。マルチタスクの実行は，例えばユーザがマウスを動かしたことによって，外部からの割込みを生じさせたり，タイマによって一定時間間隔で割込みを行わせて，CPUが実行しているタスクを強制的に切り替えさせる仕組みも多い。

例外やソフトウェア割込みはプログラムに本来想定されていなかったエラーが発生したときの割込みである。すなわち実行中のプログラムがオーバフローやゼロによる除算などの例外的なエラーを起こしたり，書込み禁止メモリ領域へ書き込もうとしたりした場合など，実行中のソフトウェアが原因となって発生する割込みのことである。

通常ハードウェア割込みは入出力時の割込みで，優先順位に従ってあらかじめ定められた処理を実行するようになっている。一方ソフトウェア割込みの場合は正常処理と異常処理がある。正常処理の場合はオペレーティングシステムに要求された処理を行うが，異常処理では例外を起こした処理を強制終了させるようになっている。

9.5.4 メモリ管理

プログラムやデータはファイルの形でディスクなどの補助記憶装置に置かれているが，プログラムが実行される際にはメインメモリにコピーされ，各命令語やデータに対して絶対番地が割り当てられる。コンピュータにおいて，プログラムを実行するためには，プログラムの命令を記憶し，その処理結果を格納するメモリが必要となる。メモリはつねに十分大きな容量であることが望まし

いが，実際には価格の点で困難であり，必要な領域を外部記憶装置であるハードディスクに仮想的に設けなければならない。また，マルチタスクの場合にはメモリに格納されている他のタスクのデータなどを破壊しないようにしておかねばならない。

メモリには1バイトごとにアドレスが付けられていて，データなどが格納されてあるアドレスを本来はプログラムによって指定する必要がある。しかし，これはユーザにとってきわめて面倒なことで，自動的に行われることが望ましく，したがってその割当てもすべてオペレーティングシステムの役割となっている。

メインメモリには一つのプログラムしか置かないとか，あるいは複数のプログラムを置くなどの方式がある。また，一つのプログラムを，関数やデータなどをひとかたまりとしたセグメントに分割する方式もある。このようにすると大きなプログラムも効率よく実行できるようになるが，いずれにしても，プログラムにはセグメントの長さ，実メモリのアドレス，補助記憶のアドレスなどを記述したセグメント表を用意しておく必要がある。

プログラムやデータを一定の長さで分割したものをページという。もちろんメインメモリも同じ長さのページ枠と呼ばれる一定長さの領域に分割されていて，メモリの割当てもページ単位で行われる。セグメントのサイズもページのサイズもCPUによって異なるが，Pentiumでは4MBのアドレス空間をセグメント，またページサイズは4KBとなっている。

ユーザプログラムやデータがメインメモリの容量以上で，一度にすべてをメインメモリに格納することができないような場合を考えよう。このような場合には，メインメモリに取り込める程度の小さな部分に分割し，各々の部分を必要に応じてメインメモリに移して実行する方法がある。このようにするとあたかも大容量のメインメモリが存在しているかのように動作し，メインメモリが大きくなったかのようにみえる。

初期のCPUやZ80などの8ビットCPUでは，プログラムで指定されたアドレスは物理的に存在するメモリに対応していた。コンピュータの高度化とと

9.5 実行管理

もに，タスクの要求するメモリ容量は大きくなり，そのために仮想メモリの概念が生まれてきた．すなわちプログラムによって直接指定されるメモリである論理メモリと，実際にデータなどが格納されるメモリである物理メモリの2種類のメモリ構造をもつようなシステムである．前者を**仮想メモリ**（virtual memory），後者を**実メモリ**と呼ぶ．仮想メモリと実メモリは1対1に対応するものではなく，仮想メモリを指定すると，ある種の変換によって実メモリへマッピングされる．このため仮想メモリのほうが実メモリよりはるかに大きくすることができる．

ところでプログラムを分割した小部分を固定長のページとする方式をページ方式といい，プログラムは仮想のページの集合として表される．メインメモリもページ単位で分割され，そのおのおのはページ枠と呼ばれる．

仮想ページの番号とメインメモリのページ枠とはページテーブルと呼ぶ表によって対応付けられ，相互に変換可能である．ページ方式では，そのページへのアクセスを不可能にすることによって，他のタスクが使用しているメモリの内容を書き換えてしまうというような干渉を避けることもできる．また，セグメントはページと異なり可変長であるので，プログラムなどをサブルーチン，関数，データなどのある一つのまとまったセグメントに分割することも可能と

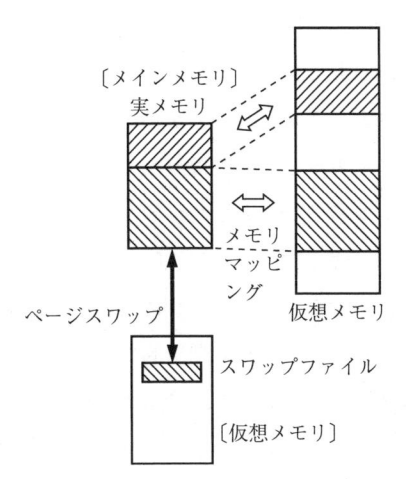

図 9.3 仮想メモリとページングの原理

なる。

図 **9.3** に仮想メモリとページングの原理を示す。

実際のメモリ利用においては，一連の操作に対してはできるだけ連続したアドレスが指定されることが望ましい。しかし，あらかじめ準備していた容量が処理中に不足となり，連続したアドレスを確保できないような場合が生じることもある。それゆえ自動的にアドレス空間を拡張するような機能もオペレーティングシステムに要求される。

9.6 ファイル管理

9.6.1 ディレクトリ管理

ファイルシステムはコンピュータの資源を操作するための機能システムの一つであり，ファイルやフォルダあるいはディレクトリの作成とか，その移動や削除の方法を記述したものである。また，データの記録方式なども定められている。ファイルシステムの多くはディレクトリの木構造によって階層的なファイルの管理を行っている。このようなファイルシステムは，ファイルの開閉，書込み・読出し，作成・削除，名前の変更などの操作を提供するものである。

ファイルとは，プログラムやデータを保存でき，またアクセスが容易になるように名前を付けてまとめたものである。このようなファイルはおもに補助記憶装置に格納されたプログラムやデータを指すことが多いが，デバイスやプロセス，カーネル内の情報などもファイルとして取扱われている。

ファイルシステムの中のファイル名や記憶場所を示した一覧表のことを**ディレクトリ**（directory）と呼び，この表によってファイルはまとめて管理される。まとまった複数のファイルを一つのディレクトリに入れたり，ファイルだけでなくディレクトリもディレクトリに含ませて階層的に管理することもできる。すなわちディレクトリは木構造となっていて，階層構造によって順次小さな分類を表していくこともできる。なお，ディレクトリは UNIX や MS-DOS の用語であり，Windows や Mac OS では**フォルダ**（folder）と呼んでいる。

フォルダにはファイル名，拡張子，属性，更新時刻，更新日，先頭のクラスタ，ファイルのサイズが記入される。

拡張子（extension）とはファイル名において「.」（ピリオド）で区切られたいちばん右側の英字の並びのことであり，ファイルの種類を示す3〜4文字の文字列である。**表9.2**におもな拡張子を示しておく。[†]

属性はファイルの性質を示すもので，**表9.3**に示すようなものがある。

表9.2 おもな拡張子

拡張子	ファイルの種類
bin	バイナリデータファイル
bmp	全ピクセル独立色保存の画像形式
csv	表計算データ交換のためのファイル
dll	ダイナミックリンクライブラリ
doc	ワープロWord文書の保存形式
exe	実行ファイル形式
htm	ホームページを記述するための形式
jpg	静止画像を圧縮したファイル形式
jtd	ワープロ一太郎文書のファイル形式
pdf	Adobe社のAcrobatで作成された文書
pl	Perlで書かれたスクリプトのファイル
tmp	アプリケーションが一時的に利用するファイル
ttf	TrueTypeのアウトラインフォントの形式
txt	テキストファイル
xls	Excelのファイル形式
wav	PCM録音された音声データのファイル形式

表9.3 属 性

S	OSのファイル
H	隠しファイル
R	読み取り専用
A	アーカイブ
D	ディレクトリ

[†] ほとんどのオペレーティングシステムでは，拡張子の文字数に制限はないが，MS-DOSでは3文字までという制約があったため，Windowsでは拡張子を3文字以内にすることが多い。

9.6.2 ファイル操作

ディスクにファイルを書き込むとき，未使用のクラスタでなければ重ね書きされてしまうので，これを避けるために，オペレーティングシステムはクラスタの使用状況を記録しておくファイル配置表 **FAT**（File Allocation Table）によってクラスタを管理している。

すなわちオペレーティングシステムはディレクトリと FAT とを調べ，該当するファイルを探し，もしあれば FAT に記録されているクラスタから読み出せばよい。削除したい場合にはオペレーティングシステムがディレクトリに書かれているファイル名の先頭文字を空白に置き換え，FAT に記録されていたクラスタには未使用の意味で 0000 と書き込む。したがって削除したいファイルの内容はディスク上に残っていることになる。またファイルの移し替えはファイルの内容を別のクラスタに移動するのではなく，単にディレクトリ情報を変更するだけでよいことになる。

9.6.3 ファイルシステム

ハードディスクや CD において，複数個のセクタをまとめたクラスタ単位でファイルは上述の FAT によって管理されるが，このような FAT は Windows 上のシステムであり，汎用コンピュータでは，**VTOC**（Volume Table Of Contents）によるカタログ方式が採用されている。これは VTOC という領域に各ファイルの情報が記録されていて，アクセスが容易にできるようになっている。ここではパソコンでのファイル管理について説明していくことにする。

ハードディスクもフロッピーディスクも 1 セクタは 512 バイトである。したがってセクタの数は，フロッピーディスクならば約 28 000 個，5 GB のハードディスクであれば約 977 万個となる。オペレーティングシステムがこのようなきわめて多数のセクタを管理するのは難しいので，連続したいくつかのセクタ単位をクラスタとして管理している。1 クラスタが 64 のセクタであるとすれば，$512 \times 64 = 32\,768$ バイトをクラスタごとにオペレーティングシステムが

管理することになる。3 GB のハードディスクでは，そのクラスタの数は約 9 万個となり，これに番号を付けて管理することになる。ところで FAT はハードディスクやフロッピーディスクをフォーマットするときに作られる。

FAT 16 では，クラスタの番号は 4 桁の 16 進数で表すことになるが，16 ビットで表せる数は $2^{16}=65\,536$ であるので

$$32\,768 \text{バイト} \times 65\,536 = 2\,147\,483\,648 \text{バイト} = \text{約 2 GB}$$

すなわち 16 ビットでは 2 GB までしか管理できない。したがって 2 GB 以上のハードディスクの出現で，FAT 16 に代わり，クラスタ番号を 32 ビットで管理する FAT 32 が登場した。32 ビットでは 4 294 967 296（約 43 億）個のクラスタを管理できることになる。すなわち非常に多くのクラスタを管理できるので 1 クラスタのセクタ数を小さくすることができる。したがって FAT 16 では 1 クラスタを約 33 KB としたが，FAT 32 では 4 KB と小さくしている。その結果，3 KB のファイルを記録させたとき FAT 16 では残りの 32 KB が使われないでむだになっていたが，FAT 32 では 1 KB しかむだにならないことになり，ハードディスクの使用効率が高くなる。

ファイルの読出し時には，オペレーティングシステムはディレクトリと FAT を調べ，該当ファイルがなければ，その旨のメッセージを出し，ディレクトリにあれば記録されている番号のクラスタに記憶されているファイルを読み出してくる。同じディスク内においてファイルの移動はクラスタを移動させるのではなく，ディレクトリの記録を書き換えるだけでよい。またこのことはファイルの消去も FAT の情報を消去するだけでよい。したがって，ファイルそのものが全部消えるわけではなく，ディスクを破棄する場合には注意しなければならない。

9.7 入出力制御

9.7.1 入出力命令

プロセスでの入出力動作を制御・管理するすなわち入出力動作の開始の指示

と終了時の処理を行う。また実際の入出力動作はデバイスドライバと呼ばれるソフトウェアで実現される。

オペレーティングシステムは入出力装置に対してつぎのような内容を指定し，入出力命令を作る。すなわち対象の入出力装置，書込み・読出しの操作，メモリにおけるデータ位置やデータ長である。命令はCPUが出し，入出力制御装置に送る。入出力が終了するとCPUへの割込みを発生させて，入出力の終了を通知する。入出力制御には外部入出力機器に対するものと通信回線やネットワークを通じての入出力に応じるものの二つがある。

9.7.2 外部入出力制御

外部入出力装置とはコンピュータに直接に接続されたプリンタや記憶装置のことである。入出力装置は種類が多く，またこれらを同時に制御できるようにしなければならない。このとき入出力のために各装置と命令の送受を行うが，例えばプリンタからのインク切れや紙不足などの障害の通知を受け付ける制御なども含まれている。

9.7.3 通 信 制 御

データなどを送受信するための送信処理，受信処理の制御であり，その通信制御手順は重要である。初期には端末やコンピュータとのデータのやりとりは通信回線によるものであったが，現在ではLAN内に接続されているコンピュータ間には外部記憶装置やプリンタも共用で結ばれていることが多い。このような制御はネットワークオペレーティングシステムと呼ばれている。

9.8 コンパイラとインタプリタ

9.8.1 コンパイラ

コンパイラ（compiler）は，高水準言語で書かれたソースプログラムを機械語で表現されたオブジェクトプログラムに変換するソフトウェアで，実行前

9.8 コンパイラとインタプリタ　　**161**

```
プログラム                              実行ファイル
ソースコード      ⇒  コンパイラ  ⇒   オブジェクトコード
(プログラミング言語)                      (機械語)
```

図 9.4　コンパイラの働き

にソースコードをオブジェクトコードに一括して翻訳する。**図 9.4** にコンパイラの働きを示す。

　コンパイラは字句解析，構文解析，意味解析，最適化，オブジェクトの生成などの機能によりつぎのような仕事を行う。

① 定数の 2 進数への変換
② 変数のアドレス割当て
③ 関数の呼出しにおける，サブルーチンコール命令の生成
④ 演算式などの演算命令への変換
⑤ 制御文に対する分岐，飛び越し命令などの付加
⑥ 配列や構造体に対する一連のアドレスの割当て

　コンパイラ型言語ではソースコードは開発時にまとめて変換され，実行時にはオブジェクトコードを直接実行するため，インタプリタ型言語に比べて実行速度が速い。

9.8.2　インタプリタ

　インタプリタ（interpreter）は，プログラミング言語で記述したソフトウェアのソースコードを，コンパイラのように機械語まで一括して変換せずに，コンピュータが実行できる形式すなわちオブジェクトコードに逐次変換しながら，そのプログラムを実行するソフトウェアである。

　インタプリタ型の言語はプログラムの実行時に変換を行うため，その分だけコンパイラ型言語に比べると実行速度は遅くなる。しかし，場合によってはオブジェクトプログラムが短くなったり，プログラム作成時に編集と実行を対話形式で行うこともでき，プログラムの開発が容易となるなどの利点がある。

演 習 問 題

【1】 つぎのオペレーティングシステム（OS）の名前を書け。
 （a） 1968年にベル研究所で開発され移植性の高いC言語で記述されたワークステーション用のOSである。
 （b） IBMの32ビットパソコン用にIBMとマイクロソフトによって共同で開発されたOSで，マルチタスクやネットワーク機能に特徴がある。
 （c） 1991年にヘルシンキ大学の大学院生によって開発された，UNIXと互換性のあるOSである。このOSはフリーソフトウェアとして公開され，世界中のユーザ達によって改良が重ねられた。
 （d） ネットワークに接続され，コンピュータに内蔵された機器が協調動作をするような分散システムの実現を目指したプロジェクトで，1984年に生まれたOSの仕様である。

【2】 OSとはコンピュータを効率よく，高度に働かせるために，管理・制御する仕組みを提供するもので，コンピュータの資源を効率よく活用するために，仮想的なコンピュータを作ることである。以下の設問に答えよ。
 （a） コンピュータの資源で，ハードウェア資源およびソフトウェア資源とは何を指すか。
 （b） 仮想的なコンピュータとはどのようなものか。

【3】 OSの働きは，（a）システム制御，（b）実行管理，（c）ファイル管理，（d）入出力制御の四つに大別できる。つぎの処理は，（a）～（d）のどれに相当するか。
 ① メモリ管理　② ディレクトリ制御　③ 通信ネットワーク制御
 ④ ジョブ管理　⑤ 終了処理　⑥ 障害管理　⑦ 割込み制御
 ⑧ 外部機器制御

【4】 ファイル名において「.」（ピリオド）で区切られたいちばん右側の英字の並びを拡張子というが，拡張子は，そのファイルの種類を示す3～4文字の文字列である。つぎのようなファイルの種類を示す拡張子を書け。
 （a） バイナリデータファイル　（b） 表計算データ交換のためのファイル　（c） 実行ファイル形式　（d） 静止画像を圧縮したファイル形式
 （e） アプリケーションが一時的に利用するファイル　（f） テキストファイル

【5】 ハードディスクにあるプログラムやデータをページ単位に分割して，ハード

ディスクに格納しておき，当面必要なページだけをメインメモリにロードして実行するシステムを仮想記憶という。このとき，メインメモリの容量が不足しているときどのようにすればよいか説明せよ。

【6】パソコン用のOSにおける入出力管理の説明として適切なものはどれか。
　　ア　周辺装置をデバイスドライバによって制御する。
　　イ　割込みによって生じるタスクを制御する。
　　ウ　必要に応じて，主記憶装置と補助記憶装置の間でページングを行う。
　　エ　ファイルの効率的な格納と，高速アクセスを制御する。

【7】プロセッサの割込みで，外部割込みに分類されるものはどれか。
　　ア　演算エラー　　イ　タイマ　　ウ　ページフォールト
　　エ　命令コード異常

【8】OSのタスク管理に含まれる機能はどれか。
　　ア　CPU割当て　　イ　スプール制御　　ウ　入出力実行
　　エ　ファイル制御

10 コンピュータネットワーク

パソコンの普及と相まってインターネットが発展し，地球上のあらゆる場所で多くの利用者がいる。このようなインターネットを応用したシステムとしてはメールショッピング，バンキング，証券取引や e-learning など多くのものがある。これらは多くの人に利便さを与えているものの，一方ではコンピュータウイルスのように多くの被害を生み出していることもある。本章ではこのような新しい社会現象をもたらしているコンピュータネットワークについて述べることにする。

10.1 ネットワークの歴史

現在では，パソコンに組み込まれているほとんどの OS はインターネットなどのいわゆるコンピュータネットワークへの接続を機能の一つとしてもっている。実際にコンピュータネットワークは広く利用されていて，ネットワークはコンピュータの周辺機器と同様にコンピュータに直接関係があるものとみなされるようになってきた。コンピュータネットワークとは，通信回線で接続された複数のコンピュータを用いて，相互に通信したり，協調分散によって働かせるようにしたネットワークのことである。

インターネットは LAN や WAN を結合した一つの巨大なネットワークのことで，1969 年にアメリカ国防総省によって開発された軍事用の通信ネットワークである ARPANET がその始まりであるといわれている。

ARPANET の目的は従来型のホストコンピュータを中心とするネットワー

クではなく，分散型の多数のコンピュータを接続して複数のルートによって通信ができるようなネットワーク構成であった．ARPANETは1969年12月に運用が開始され，アメリカ国内の四つの大学と研究機関に50 Kbpsで結ばれていた．1973年には35の大学に増え，通信を行う際の規約である**プロトコル**（protocol）にはTCP/IPが採用された．

1986年に**全米科学財団**（National Science Foundation；**NSF**）は学術機関の多数のコンピュータをネットワークで結んで相互利用を可能にするようなネットワークを構築した．これがNSFNETであり，1.5 Mbpsで接続されていた．その後このNSFNETはARPANETを吸収し，世界中のネットワークに結ばれるようになり，インターネットへと発展していくことになる．1990年には商用のインターネットプロバイダが現れ，特に1993年にはアイコンなどのGUIを備えた閲覧ソフトのMOSAICが生まれたことにより，多くの利用者の参加を促しさらに発展していくのである．

日本では1984年に東京工業大学，慶應義塾大学および東京大学の大形コンピュータを相互接続してつくった**JUNET**（Japanese University Network）が最初のネットワークである．1988年にはIP接続を行うプロジェクトによって，JUNETは発展して**WIDE**（Widely Integrated Distribution Environment）**インターネット**となり，NSFNETと接続された．1989年にはTCP/IPを用い国際間の接続が行われた．1993年には日本でもインターネットイニシアティブ企画が発足して，プロバイダが現れ，1994年から接続が実行され，商用に利用されるようになった．以後急速に日本でもインターネットは普及していった．

一方，このようなインターネットの発展には，技術的な研究開発の成果が大いに関与していたのはいうまでもない．1972年にはTelnet，1973年にはFTPやEthernetの開発，1977年には電子メール，1978年にはTCP/IPの標準化，1987年には**HTML**（Hyper Text Markup Language）の開発，1992年にはWWWの開発，1994年にはNetscapeが開発，1995年にはInternet Explorerが開発されるに至っている．

10.2 通信回線

10.2.1 伝送路

コンピュータネットワークのほとんどはインターネットを含め通信回線によって通信を行っている。この通信回線には大きく分けて有線回線と無線回線とがあるが，一般に用いられるのは有線回線である。データなどが伝送される通信回線である**伝送路**（transmission line）には，有線では電話回線などが，無線ではマイクロ波や光が用いられる。

ペアケーブル（twisted pair cable）は電話網などの捩り対線で安価なので，普及しているが，デジタル信号の減衰が大きく，伝送速度は数 Mbps が限界である。**同軸ケーブル**（coaxial cable）はメッシュに編んだ円筒状の外部導体の中に絶縁体を挟んで一本の銅線を通した線で，数 100 Mbps の伝送速度が可能である。**光ファイバケーブル**（optical fiber cable）は光ファイバを用いるもので，電磁波の影響も受けず 1 000 km 以上も無中継で伝送でき，数 Gbps の高速伝送が可能である。しかし銅線に比べて破損の恐れが高く，接続が容易ではないし，また高価でもある。

10.2.2 伝送方法

従来通信回線は NTT の提供する電話用の回線が主であって，その接続は伝送路を確保し，送信側受信側双方の端末装置を使用中は占有して接続されていた。このような回線交換方式は大量データ向きで，接続時間で課金される。

1980 年代になるとデジタル通信においては回線を占有しないパケット交換伝送方式が採用されるようになった。この方式は，送信側で送信するデータを一定量のブロックに分割して複数の送信データを**小包**（packet）のように送り，受信側では自分宛のデータを取り出して再組立てを行う。このため伝送遅延があるが，データ量があまり多くなく，しかも多数の相手に送る場合には適している方式であり，データ量で課金される。

パケット式の利点は，ネットワークが一人のユーザに占有されず，複数のユーザが同時に使用でき，また送信されたデータのエラーチェック機構によりエラーが検出されたらそのデータパケットの再送信を送信側に催促できることである。図 *10.1* にパケット通信の原理を示しておく。

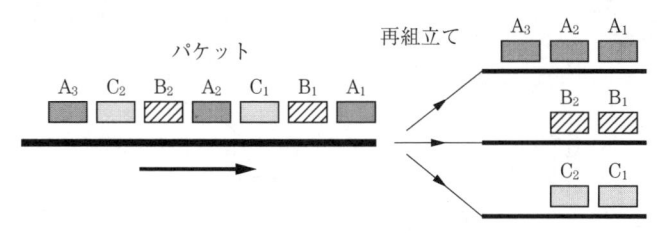

図 *10.1*　パケット通信の原理

10.3　LAN

10.3.1　LAN のシステム

一般にネットワークには**広域ネットワーク**（wide area network；**WAN**）と**構内ネットワーク**（local area network；**LAN**）があり，前者の場合，そのネットワークを提供するものは電気通信事業者であり，後者の場合は利用者である。

LAN はある一つの組織を対象とするような小規模なネットワークのことで，企業，官庁や学校の中など局所的に設置されたものをいう。通常その総延長は数 km 以下であり，通信速度は数 100 Mbps 以上で WAN より高速である。なお LAN 同士を結んだ広域ネットワークを WAN という。

初期のネットワークは，そのネットワークの中心となるメインフレームと専用の端末装置を，ケーブルで接続したものであり，メーカごとに開発されたさまざまな規格のネットワーク技術に基づいていた。このため相互の接続についてはいろいろな問題が生じたが，現在ではインターネットで利用されている技術が広く利用されている。

10.3.2 結合方式

ネットワークの構成には，図 **10.2** に示すように点対点型，スター型，リング型，バス型の結合方式がある．

(a) 点対点型
(b) スター型
(c) リング型
(d) バス型

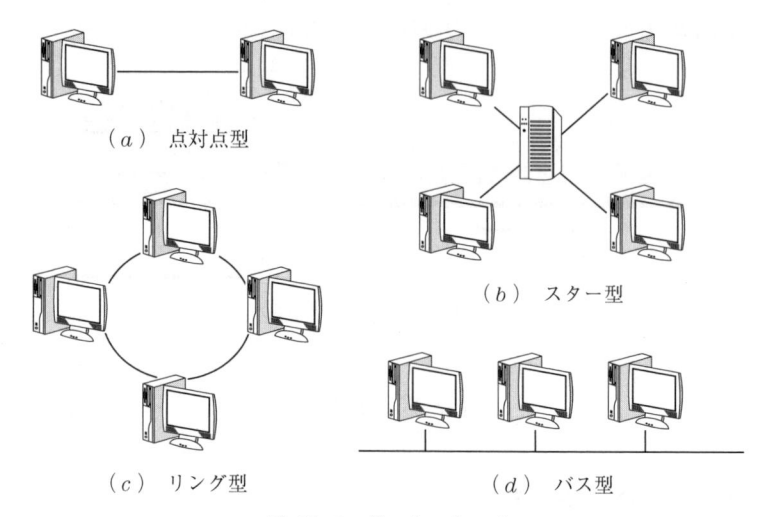

図 **10.2** 結合方式

(*a*) **点対点**（point to point）**型**は，2 台のコンピュータを直接接続してデータのやり取りを行う方式で，1 対多の場合もある．

(*b*) スター型では，中心となるメインフレームコンピュータがすべてを制御するため，このメインフレームが故障すると全体が通信不能になってしまう欠点がある．

各端末はツイストペアケーブルによって**ハブ**（hub）†と呼ばれる集線器に接続され，このハブを通してメインフレームに接続される．ツイストペアケーブルは現在 100 BASE-T，1 000 BASE-TX，10 GBASE-T などが採用されている．図 **10.3** にツイストペアケーブルの記号を示す．

(*c*) リング型では，回線の長さを短くできるが，交信端末を決めるのは各端末の通信制御機能によって行われる．伝送路はおもに光ファイバであり，後述するようなトークンパッシング方式である．

---
† 車輪などの中心の意味．

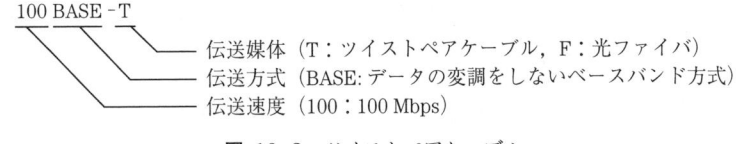

```
100 BASE-T
         ├─ 伝送媒体（T：ツイストペアケーブル，F：光ファイバ）
         ├─ 伝送方式（BASE:データの変調をしないベースバンド方式）
         └─ 伝送速度（100：100 Mbps）
```

図 *10*.*3* ツイストペアケーブル

（*d*）バス型は各端末装置を1本のバスケーブルに接続していく方式で，全体を制御するような装置は特にない。また，電気的反射による雑音を避けて，ケーブル端は終端抵抗で閉じている。

LAN ではバス型が多く，ゼロックス，DEC，インテルの3社によって1980年に開発された**イーサネット**（Ethernet）はこの型である。イーサネットの伝送速度は0.1～数 Mbps，データリンク手順は CSMA/CD 方式でノード間の最長距離は2.5 km で，最大1 024台の端末を接続できる。

イーサネットケーブルには金属ケーブルと光ファイバケーブルがあるが，最近では金属ケーブルでも伝送速度100 Mbps の 100 BASE-TX の Fast イーサネットや数 Gbps の高速伝送が可能な 1000 BASE-X の Gigabit イーサネットもある。光ファイバケーブルは一般に Gbps の高速伝送速度をもっており，光ファイバケーブルによるネットワークは **FDDI**（fiber distributed data interface）といわれる。

パソコンと LAN を結ぶには LAN ボードが必要であり，LAN 同士を結ぶには同じ型であれば，中継のための**リピータ**（repeater）が，異なる型であれば**ブリッジ**（bridge）が用いられる。また，LAN と WAN を結ぶためには**ルータ**（router）が用いられる。ルータはネットワーク上を流れるデータを他のネットワークに中継する機器で，宛先の IP アドレスから転送経路を判別する経路選択機能をもっている。

10.*3*.*3* 伝 送 制 御

LAN に接続された装置間の通信制御のことを伝送制御といい，その方式には時分割方式，トークンパッシング方式，CSMA/CD 方式などがある。

（*a*）**時分割**（time division multiple access；**TDMA**）**方式**はスター型

LAN において，伝送路の時間を制御装置によって各装置に割り当て，順次スイッチしていく方式である。

（**b**）**トークンパッシング**（token passing）**方式**はおもにリング型 LAN に採用されている方式である。この方式では，トークン信号をリング内に巡回させておき，受信する側の装置はつねに受信状態として，自分宛の情報のみを受け取るが，送信する側は巡回している送信権限情報であるトークンを取り込んで送信権を獲得する。

トークンバス方式というのは，上の方式をバス型 LAN で用いた場合の方式のことである。。

（**c**）**CSMA/CD**（carrier sense multiple access with collision detection）**方式**は主としてバス型 LAN で採用されるが，バスに流れている搬送波を検出して自分宛の情報のみを受け取り，搬送波がないときに送信する方式である。イーサネットに用いられている方式である。

10.3.4 ディジタル通信と回線

一般の電話回線の周波数帯域は 300～3 400 Hz であって，音声を対象としているために狭いので，低周波から高周波までの広い周波数帯域を要求するディジタル通信にはあまり適していない。しかし技術の進歩により電話回線を用いても，通話とは異なる高い周波数帯域を用いることによって，同じ線路を流れる通話に対して雑音などの原因となる影響を与えることなく，高速のデータ通信を実現することが可能となった。これが **ADSL**（asymmetric digital subscriber line）すなわち非対称デジタル加入者線伝送方式であり，上りと下りの通信速度が違うという特徴をもつ方式である。すなわち電話局からユーザ方向への下りのほうがダウンロードによく使われるので通信速度は最高 1.5～12 Mbps，その反対にユーザから電話局方向の上りの通信速度は 0.5～1 Mbps 程度と，通信方向によって最高速度が違っている。

ADSL は電話線を使うために設備が簡単で，妥当な料金で高速なインターネット接続環境を提供できる技術である。しかし電気信号の劣化が激しいた

め，ADSL を利用できるのは電話線の長さがおよそ 6〜7 km までの電話回線に限られるなどの欠点ももっている。この ADSL 技術はベル研究所で開発されたものであり，2001 年になって急速に普及されるようになった。

電話回線でなく各家庭まで光ファイバを引き込んで光による通信を実現する方式に，**FTTH**（fiber to the home）がある。これは，光の性質を利用して超高速のブロードバンドサービスを可能にするもので，FTTH は ADSL と異なり，上りと下りの通信速度が同じという特徴がある。既設の電話回線とは異なり光ファイバの導入工事が必要となるものの，電話回線のノイズや電話局からの距離の影響を受けないという優れた性質をもっている。

10.4 インターネット

インターネット（internet）とは，LAN や WAN などのネットワークを接続したものであるが，現在では，インターネットは IP という通信プロトコルを用いて，世界中の多種多様な LAN や WAN の相互接続によって構成された地球規模の大きさのネットワークとなっている。すなわち，インターネットは国際的な通信ネットワークを構築しており，世界でただ一つしかないため The Internet とも呼ばれる。

インターネットは 1969 年にアメリカ合衆国の国防総省にある**高等研究計画局**（Advanced Research Project Agency；**ARPA**）によってり開発された ARPANET がその起源であるといわれている。ARPANET は危機管理の一つとして複数の都市が壊滅されても全体としての通信ネットワークを確保するという軍事的な目的に基づくネットワークであった。このように目的が軍事用であったことから，当初から安全のために複数の経路で通信を確保できるようになっており，複数のコンピュータすなわちノードを経由して送信側から受信側に情報やデータが送られる。このためには経由点である各ノードは受信側までの経路を探し出す経路探索とデータを分割して送るパケット転送の機能をもっている。各ルータにはルーティング表があり，回線の状態によってつねに更

新され，この表により最短経路をつぎつぎに選んで伝送していくのである。阪神大震災の時に一部の回線が途切れても他の回線を通じて神戸と他の地域のインターネットによる接続は途切れなかったといわれている。

インターネットは後述の OSI 参照モデルの第 4 層および第 3 層に相当する TCP と IP を通信手順とするコンピュータネットワークを結合してできたネットワークである。

現在ではインターネットは全世界で数 10 億台以上のコンピュータに接続され，地球規模の情報通信インフラストラクチャとなっている。インターネットの利用概略図を図 **10.4** に示しておく。すなわち，各 LAN はサーバを通してインターネットにつながっていて，サーバには通常多数のコンピュータやプリンタなどが接続されている。

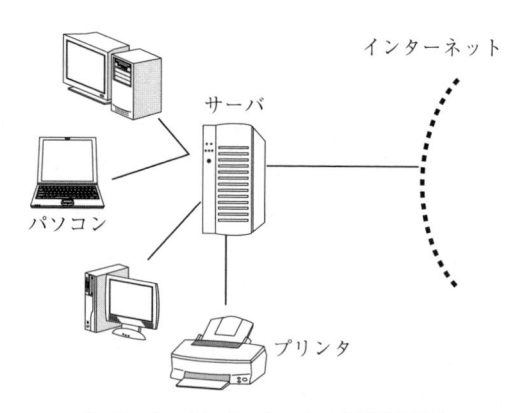

図 **10.4** インターネットの利用概略図

10.5 イントラネット

インターネットに対して，企業内などの限定された範囲でインターネットの技術を用いて構成した LAN のことを**イントラネット**（intranet）と呼んでいる。イントラネットは実際に業務での利用が主であるため，セキュリティの問題が重要であるとともに通信コストの観点からもイントラネット間の通信は専

用線で行う場合が多い．コンビニ業界の POS システムや金融機関のシステムなどもインターネットではなく独自の専用線を用いている．POS 以外では企業内通信が主であるが，外部からの不正侵入を防ぐためインターネットに接続するネットワークから切り離して専用線的な使い方をしている例も多い．

　企業内専用線による通信から始まったイントラネットは，インターネットの発展に従って，通信プロトコル TCP/IP などのインターネットで開発された技術や使用機器が安価になり，これらを取り入れたシステムの方が独自に構成するより経済的になってきたという背景がある．またインターネットで普及しているアプリケーションソフトの利用やインターネットとの操作の一貫性などの理由で，企業内のネットワークとしても構成されるようになった．すなわち，インターネット技術に基づくイントラネットの開発は，企業の通信コストを低減させることのみならず，他企業との連携業務にも容易に対処でき，また技術開発コストも抑えられるという利点をもっている．

10.6　ウェブサイトとウェブブラウザ

　WWW（World Wide Web）を利用して情報を公開しているウェブページの集まりあるいはウェブページが置かれているサーバコンピュータのことを，ウェブサイトという．またその中の HTML 形式で記述されている情報をコンテンツといい，コンテンツを代表するトップページを**ホームページ**（home page）という．しかしこのホームページという言葉はウェブサイトやウェブページと同様な意味で使われることも多い．現在では，ブラウザを起動させたときに表示されるページはスタートページと呼ぶのが一般的である．

　ウェブブラウザ（web browser）はインターネットブラウザ，WWW ブラウザあるいは単にブラウザとも呼ばれるが，インターネットのウェブページをハイパーテキストのリンクをたどっていって表示するソフトウェアのことである．ハイパーテキストとはテキストすなわち文書が主であるが，文書中に操作ボタンなどが配置され他のページにリンクする機能などをもっているものであ

る。

　ウェブブラウザの構造はつぎの三つの部分に大別される。すなわち，ウェブサーバなどと通信して，対象となる URL[†] の情報を得るウェブクライアント，その情報が HTML，XHTML，XML，画像あるいはテキストなどの種類に対応するような構文解析器，およびその解析結果によって文字，画像の配置やサイズや色を調整し，見やすくする表示機構である。

　最初のウェブブラウザが公開されたのは 1991 年であった。1993 年にイリノイ大学の**アンドリーセン**（M. Andreessen）らによって開発された Mosaic は，テキストのほかに画像をも表示できるものであった。1994 年にはモザイク・コミュニケーションズ社によって Netscape Navigator（NN）が開発された。翌 1995 年には，マイクロソフト社によって Internet Explorer（IE）が開発され，公開された。1996 年には，NN に JavaScript および JAVA の機能が搭載されて，ブラウザの高機能化が始まったといわれる。2003 年にはアップル社は Safari を採用し，オペラ・ソフトウェア社は Opera 7.0 を公開している。

　検索エンジンとは，インターネット上のウェブページなどの情報を検索するシステムあるいは一般に情報を検索するシステムのことである。前者の検索エンジンには，ディレクトリ型，ロボット型，メタ型の検索エンジンなどがあり，後者としては，テキスト情報の全文検索機能をもつ検索エンジンがある。

　ディレクトリ型検索エンジンはサイトの種類が木構造になっていて，あらかじめ人間の手によって構築されたものであって，ウェブディレクトリ内を検索するシステムのことである。質の高いウェブサイトの検索が可能であるが，登録されるサイト数はあまり多くないという欠点がある。Yahoo の検索エンジンはこの型が元になっている。図 10.5 に階層的な木構造による Yahoo Japan のディレクトリの例を示す。

　いちばん左の「趣味とスポーツ」を起点となるいちばん上位のルートディレクトリとして，図の右に行くほど下位になるように階層的なディレクトリが構

[†] 10.8 節参照

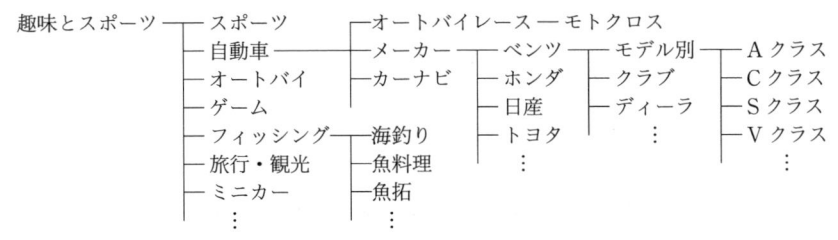

```
趣味とスポーツ ─┬─ スポーツ      ┌─ オートバイレース ── モトクロス
                ├─ 自動車      ─┼─ メーカー    ─┬─ ベンツ  ─┬─ モデル別 ─┬─ A クラス
                ├─ オートバイ  ─┘ ├─ カーナビ    ├─ ホンダ    ├─ クラブ    ├─ C クラス
                ├─ ゲーム          │              ├─ 日産      ├─ ディーラ  ├─ S クラス
                ├─ フィッシング ─┬─ 海釣り        ├─ トヨタ    │ ⋮          ├─ V クラス
                ├─ 旅行・観光    ├─ 魚料理        │ ⋮                        ⋮
                ├─ ミニカー      └─ 魚拓
                 ⋮
```

図 10.5 Yahoo Japan のディレクトリの例

成されていて，例えばいちばん右の S クラスまでは，つぎのような経路によってたどり着く．

　趣味とスポーツ＞自動車＞メーカー＞ベンツ＞モデル別＞S クラス

　ロボット型検索エンジンはディレクトリ型と異なり，ウェブページなどを複数のキーワードや検索条件を組み合わせて全文検索するシステムであり，WWW 上にある多数の情報を効率よく収集することができる．しかし，あまり情報価値のないようなページまでデータベースに登録してしまうので，絞り込み検索などの技術がその利用には重要になる．Goo や Infoseek あるいは Google がこの型に相当する．日本語全文検索システムとしては Namazu がよく知られている．

　WWW が発展し，ウェブサイトの数が膨大となって，すべてのウェブサイトをただちにディレクトリに取り込むことは困難となってきた．そのためディレクトリ型検索エンジンでヒットするサイトが見つからない場合には，ロボット型検索エンジンを用いるような両用型が多くなっている．

　日本での検索エンジンはロボット型ではすでにサービスが終了した千里眼，ディレクトリ型では Yahoo などが使われているが，最近では 1998 年に開発された Google が，バナー広告などを排除した簡素な画面により，急速に人気を集め，ウェブページ検索の世界シェアのトップになっている．2004 年には Google では 40 億を超すウェブページが登録されている．一般には，この 40 億のウェブページから欲しい情報を検索することはそれほど容易なことではない．

インターネットにおける使用言語を調べてみると，1998年では英語が58％であったのが2004年には36％に少なくなっている。このことは各国でのインターネットの普及が進み，その結果として多言語化が進んだことを示している。

10.7　IPアドレスとドメイン名

一般に，情報とかデータは電気信号に変換されて，通信回線を通して伝送される。また受信された信号はコンピュータで元の形に再構成されて受け手に伝わる。このような情報あるいはデータを送受信するための規約をプロトコルという。

通信プロトコルが統一されていれば，すべてのコンピュータで通信が可能である。インターネット，LAN，WANなどの通信プロトコルとしてよく知られているのが**TCP/IP**（transmission control protocol/internet protocol）であり，最初にUNIXで採用されたものである。後述するように，OSIモデルのトランスポート層に相当するTCP，ネットワーク層に相当するIPなどから構成されているのがTCP/IPである。TCPは決められたポート番号に従ってシステム内のアプリケーションにデータを伝送する。またIPはネットワーク間の伝送プロトコルで設定されたIPアドレスに従ってデータを伝送するプロトコルである。

このようなTCP/IPでは，データはIPデータグラムと呼ばれる小さなパケットに分割されて送られる。IPデータグラムの構成はデータの他にIPヘッダがあり，送信先のIPアドレスやデータグラムの識別番号などが記入されているので，送信中に通信回線の途中で紛失してしまうことはない。

電話網における電話番号と同じように，インターネットにおいてはIPアドレスと呼ばれる番号によって相互通信を行うときの相手側を識別し，選択する。IPアドレスはIPプロトコルでパケットを転送するためのアドレスであり，数字によって表示されている。しかしこれは人間にとってわかりにくいので，アルファベットで記号化してドメイン名として用いられている。例をつぎ

10.7 IPアドレスとドメイン名

に示す。

   titech.ac.jp coronasha.co.jp

 前者は東京工業大学の，後者はコロナ社のドメイン名である。ドメイン名は階層構造的になっており，上記の例では右端が国別コードで，jp は日本を表す。

 IP アドレスは国コードを示す第1階層，組織属性コードを示す第2階層，組織名を表す第3階層およびホスト名を表す第4階層からなり，それぞれピリオドで区切って表示される。例えば，上に示した www.coronasha.co.jp では第1階層の jp は日本の，第2階層の co は企業組織の，第3階層の coronasha は企業名を，そして第4階層の www は直接インターネットに接続しているコンピュータを示している。これらは英数文字で表されているので，32 ビットの数値に変換するためのシステムが必要であることはいうまでもない。

 おもな第1階層の国別コードは**表 10.1** に示すとおりである。アメリカ合衆国だけは国別コードを省略するのが一般である。第2階層の組織種別コードについては米国と日本の場合を**表 10.2** に示す。

表 10.1 国別コード

日本	jp
イギリス	uk
ドイツ	de
フランス	fr
韓国	kp
アメリカ	us (省略可)
カナダ	ca
ロシア	ru
中国	cn

表 10.2 組織種別コード

米　国		日　本	
営利企業	com	一般企業	co
各種組織	org	会社以外の団体	org
政府機関	gov	政府機関	go
軍機関	mil	ネットワーク運用組織	ad
ネットワーク運用機関	net	ネットワークサービス組織	net
教育機関	edu	教育機関	ed
国際機関	int	大学	ac
		任意団体	gr

 ドメイン名は**ドメインネームサーバ**（domain name server；**DNS**）によって IP アドレスに変換されて処理される。IP アドレスの管理は**ネットワーク情報センタ**（National Information Center；**NIC**）であるが，日本では**日本ネットワーク情報センタ**（Japan Network Information Center；**JPNIC**）によって管理されているが，日本に割り当てられたドメイン名「jp」の登録管理，

JPドメインのDNSの運用などの業務は（株）**日本レジストリサービス**（Japan Registry Service；**JPRS**）に移行された。

IPアドレスはネットワーク部とホスト部とからなる32ビットで構成されている。ネットワーク部はネットワーク識別用であり，ホスト部は接続されたコンピュータを特定するために使われる。このネットワーク部とホスト部の幅は大規模ネットワーク，小規模ネットワーク，特定グループなどに分けられ，クラスAからクラスEまであり，クラスによって構成が異なっている。IPアドレスは8ビットずつピリオドで区切られており，表 10.3 のようにクラスによりネットワーク部とホスト部が分けられている。例えば，クラスCの場合にはホスト部が8ビットであり，0と255を除く254のアドレスが可能である。

表 10.3　クラスとIPアドレス

	識別ビット	ネットワーク部	ホスト部
クラスA 大規模	0	7 ビット	24 ビット
クラスB 中規模	10	14 ビット	16 ビット
クラスC 小規模	110	21 ビット	8 ビット

32ビットによるIPアドレスでは約43億個のコンピュータにアドレスを割り当てることが可能であるが，インターネットの利用者が増えるとともにインターネットに接続される機器が急激に増え，近い将来には不足が予測されるために，128ビットのIPv6と呼ばれるプロトコルが新たに策定され，すでに一部商用化されている。なお従来のプロトコルはIPv4と呼ばれる。

10.8　URLと通信プロトコル

WWWはWorld Wide Webのことで，世界中のコンピュータを接続したネットワークがクモの巣のようであることから付けられた名前である。このWWWはスイスにあるヨーロッパ素粒子物理学研究所（CERN）で1989年に生まれたものである。

インターネットを通して情報を自由に提供したり閲覧できるようなソフトウ

ェアを公開したが，その形式が HTML である．WWW 上にあるホームページなどを指定するには **URL**（uniform resource locator）が用いられる．URL はウェブすなわち WWW のアドレスを示すもので，つぎのような形式で表される．

プロトコル名：//ホスト名（サーバ名）．ドメイン名

プロトコルとはネットワークを通して通信を行う際の通信手順あるいは通信規約のことである．プロトコルは階層的に規定されており，国際標準化機構や国際電気通信連合などによって 7 階層の OSI 参照モデルとして標準化されている．インターネットで標準の IP は第 3 層（ネットワーク層）の，TCP や UDP は第 4 層（トランスポート層）のプロトコルであり，HTTP や FTP，SMTP，POP などは第 5 層（セッション層）以上のプロトコルである．代表的な通信プロトコルを**表 10.4** に示しておく．

表 10.4 代表的な通信プロトコル

プロトコル名	意味
http	WWW サーバ上のファイルにアクセス
ftp	FTP サーバ上のファイルにアクセス
telnet	コンピュータへのリモートログイン
file	自分のコンピュータ内のファイルにアクセス
gopher	ミネソタ大で開発された情報検索システム
wais	インデックスされた資料の検索システム
mailto	電子メールのプロトコル
nntp	ニュースシステムのプロトコル
news	上記より広いニュースシステムのプロトコル

これらのプロトコルについて簡単にその説明をしておこう．

(**a**) **HTTP**（hyper text transfer protocol）　URL の例を下に示す．

http://www.yc.musashi-tech.ac.jp/media/overview.html
（武蔵工業大学環境情報学部情報メディア学科の紹介表示）

http は WWW が採用している通信プロトコルであり，www はホスト名，yc.musashi-tech.ac.jp はドメイン名，media はディレクトリでハードディスク領域のパス名，overview.html はその領域に保存されているホームページの

HTMLファイルの名前である。なお，ドメイン名の末尾にある英文字列は表10.1，表10.2に示す通りである。

(**b**) **FTP**（file transfer protocol） TCP/IPに基づいてファイルを送受信する際の通信規約である。すなわち，サーバとクライアントの間でファイルの転送を行うためのプロトコルであり，インターネットでよく使用されるプロトコルの一つである。なお，FTPサイトはFTPに基づいてファイルを送ることを目的としたサイトで，その利用はサイトに登録して行われるのが普通である。

(**c**) **anonymousFTP** FTPの使用は原則として通信相手のコンピュータに登録し，ユーザIDとパスワードをもっていなければならない。しかし，そのような登録が不要で，無料でソフトウェアやデータを公開している機関もあり，自由にサーバにアクセスできるようなFTPのことである。

(**d**) **Telnet**（telecommunication network） インターネットやイントラネットなどのTCP/IPネットワークにおいて，ネットワークにつながれた遠隔地にあるサーバあるいはコンピュータを遠隔操作するためのプロトコルである。すなわち，ネットワークを通して他のネットワーク上のコンピュータに入り，使用できるサービスであるが，この場合両方のアカウントをもっていることが必要である。LANに接続されたワークステーションなどのサーバ機にログインするために使用される。Windows用には，TeraTermやEmTermがある。

TeraTermは2000年に寺西氏によって開発されたWindows用のターミナルエミュレータで，Telnet接続やパソコン通信に対応している。

EmTermは1995年に江村氏によって開発されたターミナルエミュレータであるが，現在ではパソコン通信のための通信統合開発ソフトウェアとなっている。

(**e**) **Gopher** ミネソタ大学で1991年に開発された文献検索用のシステムを基にしてインターネットでも利用される，FTPサイト上のデータを検索するテキスト型情報検索システムのことである。Gopherのもつメニューは全世界で共通であり，どこでも同じサービスが受けられる。しかしWWWや

FTPの普及によってGopherは次第に使われなくなった。

（*f*） **WAIS**（wide area information server）　インターネットで利用できる多数のデータベースをキーワードによって検索するシステムである。

（*g*） **NNTP**（network news transfer protocol）　インターネットにおいて情報交換するための電子掲示板であるNetNewsで，メッセージ転送に用いられるプロトコルである。Newsサーバ間で情報の交換や記事の配信などに使われる。

10.9 OSI参照モデル

OSI（Open Systems Interconnection）参照モデルは国際標準化機構のISO，ITU-TSが提案した相互接続のネットワークシステムモデルである。このモデルは7階層から構成され，各階層はネットワークの機能を定義している。**表10.5**にOSI参照モデルを示す。また，世界標準となっているインターネットのプロトコルのTCP/IPは，OSI参照モデルを基本として**表10.6**のような4階層にしたもので，より効率的なプロトコルといえる。

表 10.5　OSI参照モデル

階層番号/階層名	説　明
第7層 アプリケーション	応用プログラムで処理される仕事に関しての情報を提供し，ファイル転送ネットワーク管理，電子メールなどの手順を規定
第6層 プレゼンテーション	異機種間通信におけるデータの形式変換を受け持ち，符号化，データ圧縮など情報形式を規定
第5層 セッション	送信，受信間の通信開始や終了，送信機能，再送機能などを提供し，送信受信の制御手順を規定
第4層 トランスポート	回路網によらず，データ紛失などの誤りが生じないよう転送品質を維持し，データ伝送などの制御を規定
第3層 ネットワーク	正しいシステム間接続やデータ転送，最適経路の選択などを受け持ち，経路制御，交換接続やパケット交換を規定
第2層 データリンク	データの正しい伝送と伝送誤りの訂正を受け持ち，伝送制御，トークンパッシング，CSMA/CDの手順を規定
第1層 物　理	ビット単位の伝送など伝送路における電気的，機械的，物理的な面を受け持ち，DTE/DCEインタフェースを規定

表 10.6 TCP/IP

階層番号	階層名	説明
第4層	アプリケーション	HTTP, POP 3, FTP, SMTP, Telnet を規定
第3層	トランスポート	TCP による伝送と UDP による高速伝送の提供
第2層	インターネット	IP アドレスの付加，パケットおよび経路制御
第1層	ネットワークインタフェース	イーサネットなどの伝送方式や誤り制御を規定

　アプリケーション層のプロトコルはアプリケーションソフトを使用するためで，トランスポート層のプロトコルはポート番号の管理，パケットに分割し送受信するためのものである。インターネット層のプロトコルは IP アドレスについて管理するプロトコルである。すなわち上位の TCP からのパケットに IP アドレスなどの情報を付加して，IP パケットを生成し，これを下位のネットワークインタフェース層に渡す際のプロトコルである。ネットワークインタフェース層ではデータの電気信号への変換などを規定している。

　現在インターネットで標準となっている IP は第3層（ネットワーク層）の，TCP や UDP は第4層（トランスポート層）のプロトコルであり，HTTP や FTP，SMTP，POP などは第5層（セッション層）以上のプロトコルである。

10.10　電子メール

10.10.1　メールの仕組み

　電子メール（e-mail）とはインターネットを利用したコミュニケーションで，インターネットの通信回線を通して，テキスト，画像，音声なども送受信することができる。インターネットでのメールのやりとりは図 10.6 に示すように，送信側と受信側のメールサーバ間で行われる。

　電子メールでは，ネットワーク上でのデータのやり取りがあるが，その際規約に従って，文字列を送受信する。コンピュータで作成されたメールは **SMTP**（simple mail transfer protocol）という手順で相手方に送信し，このメールを

10.10 電子メール

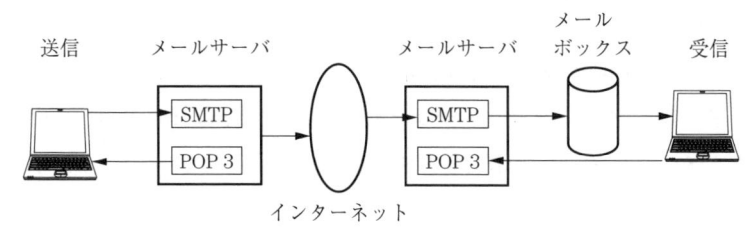

図 10.6 メールのやりとり

受け取るには，**POP**（post office protocol）という手順に従って自分のコンピュータに取り込む。インターネットを通してコンピュータでのメールのやり取りをするには，メールソフトの環境設定で必ずこの二つを設定しなければならない。

メールサーバはSMTPサーバとPOP3サーバによって構成されていて，図10.6に従ってつぎのように動作する。

① メール発信者は送信をSMTPサーバに依頼する。
② 送信されたメールは送信先のSMTPサーバが受信する。
③ SMTPサーバはメールの内容をメールボックスに記入する。
④ 受信者はメールを受け取るためにPOP3サーバにログインする。
⑤ メールを自分のコンピュータにPOP3の規約に従って取り入れる。

電子メールの送受信にはメールアドレスが必要である。メールアドレスは「ログイン名」＋＠＋「ホスト名」＋「ドメイン名」から構成されている。下に例を示す。

　　　　a 123＠b 45.c 67.ne.jp

a 123はログイン名，b 45はサブドメイン，c 67.ne.jpはメールサーバのドメイン名である。通常「ログイン名」は8文字以内で，その右側の文字列とは記号「＠」（アットマーク）で区切られる。世界中のインターネットに接続されているそれぞれのLANはすべて異なる名称であり，ドメインは国際機関の**NIC**（Network Information Center）で，名前は各国の登録機関で決定されることになっている。

10.10.2 メーラ

　電子メールの作成や編集，送受信，メールの管理などを行うには一般に専用の電子メールソフトすなわち**メーラ**（e-mail software, mailer）が用いられている。メーラはメールの送受信をするときに使用されるが，受信したメールの振り分け，メールアドレスの管理や送信受信したメールの保存などの機能をもっている。

　ウェブブラウザに付属して組み込まれているメーラにはOutlook ExpressやNetscape Messengerなどがある。また，独立したメーラにはEudora, Becky!, PostPet, AL-Mailなどがある。このほかインターネット上で無料で利用可能ないろいろな電子メールソフトもある。

　メールの文字として使用できないバイナリデータを含むファイルを送信したい場合には，電子メールの本文に付属させて**添付ファイル**（attached file）として送ることができる。しかし受信した電子メールの添付ファイルは，送信のときの符号化方式に対応した電子メールソフトでないと開くことができない。この符号化方式としてはBASE 64やuuencodeなどがよく用いられている。なお送り主のわからないような添付ファイルはワームの増殖手段として頻繁に利用されるので，添付ファイルを開く際には十分注意を払わなければならない。

10.11　マルウェアとネットワークセキュリティ

　マルウェア（malware）[†]とはいわゆるコンピュータウイルス，ワームあるいはスパイウェアなどの不正な悪いソフトウェアのことを指す。以下これらのマルウェアについて述べる。

[†] 接頭辞の"mal"は「悪の」という意味で，ソフトウェアと組み合わせて作られた造語である。SPAMは，イギリスのコメディー番組のCMが由来といわれている。

10.11.1 スパム

スパム（SPAM）は，**ジャンクメール**（junk mail）とか**バルクメール**（bulk mail）とかいわれることもある。インターネットを利用したダイレクトメールのようなものであるけれども大量に送信されるのでインターネットの回線が混み合い，その回線のユーザに大きな被害を与える。また，メールの場合は電話と異なり，通信料がユーザの負担になるので，一方的にメールを送ることはきわめて迷惑な行為である。

10.11.2 スパイウェアとアドウェア

スパイウェア（spyware）とは，マーケティング会社などが商品のユーザに対してその動向や個人情報を収集することを目的として，ユーザの使用するコンピュータにその承諾のあるなしにかかわらずインストールするソフトウェアのことである。一般にスパイウェアは，アプリケーションソフトに組み込まれて配布されるものが多く，インストール時にはソフトウェアとともに利用条件の承諾などを求めている。しかしスパイウェアはユーザに気づかれないよう動作するため，インストールされていることに気がつきにくいので注意が必要である。

アドウェア（adware）とは，広告誌と同様に広告の代償に無料で利用できるソフトのことである。無料ソフトはユーザにとってありがたい面もあるが，注意すべきことはアドウェアの多くがスパイウェアの機能をもっているということである。スパイウェアは破壊目的ではないけれども，情報を集めることが目的であり，プライバシーの侵害に該当する場合もある。

10.11.3 ウイルスとワーム

コンピュータウイルス（computer virus）は，ほかのプログラムに寄生し，自分のコピーをつくり自己増殖することのできるプログラムのことをいう。これは生物学的なウイルスと同様な現象を起こすため名付けられたもので，コンピュータに損害を与え，ユーザに大きな被害を与える不正なプログラムのこと

である．このようなウイルスは1970年頃に発生したが，1980年代に破壊活動までするものが広がっていった．感染先のファイルを部分的に書き変えたり，感染先のプログラムが実行されると自分自身をコピーするような命令を実行させ，増殖していく．ウイルスはハードディスクをフォーマットして内容を消したり，BIOSを書き換えてコンピュータの起動を止めてしまうことさえある．またコンピュータに侵入してパスワードやデータを盗み出したり，いわゆる裏口を作って侵入したコンピュータを外から制御しようとする目的のものもある．

ウイルスは感染すると一定期間潜伏し，自己増殖によって感染を広め，多くのコンピュータに寄生して，そのユーザに大きな被害を与えるものである．

ウイルスはその対策ソフトによって駆除されないように種々の技術が使われているが，ステルス技術もその一つであって見つけられないようにする技術である．

ポリモルフィック型ウイルス（polymorphic virus）あるいは**ミューテーション型ウイルス**（mutation virus）は，ファイルに感染するとウイルス自身を暗号化コードによって暗号化して変化させる．したがってパターンマッチングで見つけることが難しい．また**メタモルフィック型ウイルス**（metamorphic virus）はパターンマッチングで検出されないように，いくつかに分割したプログラムの順番を入れ替えるものである．

ワーム（worm）はウイルスとは異なり他のプログラムに寄生せずに，自己増殖していく独立したプログラムである．したがって感染先となるファイルは不要で，スクリプト言語やマクロなどで容易に作成される．

このようにウイルスやワームは年々進化してきていて，その被害もしだいに大きなものになっているので十分に注意しなければならない[†]．

[†] コンピュータウイルスの作成，配布は，電子計算機損壊等業務妨害罪，偽計業務妨害罪，器物損壊罪，電磁的記録毀棄罪，信用毀損業務妨害等に該当する犯罪行為である．

10.11.4 ファイアウォール

ファイアウォール（fire wall）とはコンピュータと外部との接続を監視して，不正なプログラムの侵入を防御する防火壁あるいは防御壁の役をするソフトウェアである。ネットワークから不正に侵入したウイルスなどによって受ける多くの被害を避けるために，未然にその感染から防ぐものである。

技術的にはIPパケットの種類を制限したり，送り元のIPアドレスや接続要求ポートなどをチェックし，不正なアクセスから防御する機能をもっている。また，ウイルスの特徴的な部分をパターンとして抽出し，パターンマッチングによってそのウイルスを検出する。

ただし，未知のウイルスに対してはデータやパターンがわからないため検出することはなかなか容易なことではない。

10.12 インターネットに関する諸団体

インターネットに関係する研究者や産業界の人々によって1992年に設立された団体に**ISOC**（Internet Society）がある。ここではインターネットの普及，ネットワーク技術の開発と標準化，および教育の推進などを行っている。下部機関にはIABやIETFがあり，インターネットに関わるさまざまな標準を策定している。

IETF（Internet Engineering Task Force）はTCP/IPなどのインターネットで利用される技術を標準化する組織である。インターネットの標準化を統括するIABの下部機関で，ここで策定された技術仕様はRFCとして公表される。

IAB（Internet Architecture Board）は1983年に設立された，インターネットに関する技術標準を決定する団体であり，ISOCの下部組織である。その下部機関にはRFCなどの標準を策定するIETFと，インターネットに関するさまざまな調査・研究を行うIRTFがある。

演習問題

【1】 つぎの言葉は何の略語か。
　　（a）WWW　（b）URL　（c）LAN　（d）WAN
　　（e）HTML　（f）HTTP　（g）FTP　（h）OSI

【2】 阪神大震災のときにも一部の回線が途切れても，ほかの回線を通じて神戸と他の地域のインターネットによる接続は途切れなかったといわれる。その理由を説明せよ。

【3】 つぎの括弧の中に適当な言葉を記入せよ。
　　　ブラウザとは（　a　）で書かれた文書を見るソフトウェアのことであるが，1993年にイリノイ大学で開発された（　b　）はテキストのほかに画像も表示できるものであった。1994年にはモザイク・コミュニケーションズ社によって（　c　）が開発された。翌1995年にはマイクロソフト社によって（　d　）が開発された。

【4】 検索エンジンにはディレクトリ型とロボット型がある。その特徴を述べよ。

【5】 つぎの各設問に答えよ。
　① 企業，官庁や学校の中など局所的に設置されたネットワークのことを何というか。
　② 上のネットワーク同士を結んだ広域ネットワークのことを何というか。
　③ LANやWANを結合した一つの巨大なネットワークのことを何というか。
　④ アメリカ国防総省によって開発された軍事用の通信ネットワークのことを何というか。
　⑤ 学術機関の多数のコンピュータをネットワークで結んで相互利用ができるためのネットワークのことを何というか。
　⑥ 東京工業大学，慶應義塾大学および東京大学の大形コンピュータを相互接続してつくった日本で最初のネットワークのことを何というか。
　⑦ IP接続を行うプロジェクトによって，発展したネットワークのことを何というか。

【6】 ネットワーク上のコンピュータに期限付きのIPアドレスなどを自動的に割り当てるプロトコルはどれか。
　　ア　DHCP　　イ　FTP　　ウ　PPP　　エ　SMTP

【7】 ネットワークを通して他のコンピュータに接続し，遠隔操作を行うためのソ

フトウェアはどれか。

　ア　FTP　　イ　HTTP　　ウ　SMTP　　エ　TELNET

【8】ネットワークで利用されるプロキシサーバについて，適切な記述はどれか。
　ア　LANでのプライベートアドレスとインターネットでのグローバルアドレスを相互変換する。
　イ　クライアントがネットワークに接続する際に，IPアドレスなどを自動的に割り当てる。
　ウ　イントラネットとインターネットの間に設置され，中継装置としてクライアントの代わりにサーバへ接続する。
　エ　対応表によってホスト名からIPアドレスを取得しクライアントにそのIPアドレスを通知する。

【9】IPv4のIPアドレスは何ビットで構成されているか。
　ア　8　　イ　16　　ウ　32　　エ　64

【10】LANにおける媒体アクセス制御方式で，伝送媒体上でのデータフレームの衝突を検出する機能をもっているものはどれか。
　ア　CSMA/CA　　イ　CSMA/CD　　ウ　トークンパッシングバス
　エ　トークンパッシングリング

演習問題の解答

1 章
【1】（a）国際標準化機構：International Organization for Standardization
　　　（b）米国国家規格協会：American National Standards Institute
　　　（c）日本工業標準調査会：Japanese Industrial Standards Committee
　　　（d）米国電子工業会：Electronic Industries Alliance
【2】（a）1946　（b）ペンシルベニア　（c）ENIAC　（d）1949
　　　（e）ケンブリッジ　（f）EDSAC　（g）ペンシルベニア
　　　（h）EDVAC
【3】① イ　② ア　③ ウ　④ ア　⑤ ウ　⑥ エ
【4】① グリッドコンピューティング　② DNA コンピュータ
【5】1 秒当りの処理件数は 15 件なので，1 500 万ステップとなる。したがって，1 500 万÷0.75＝20 MIPS

2 章
【1】シャノン
【2】ASCII コードは米国規格協会（ANSI）で，JIS コードは日本工業標準調査会（JISC）によって定められたものである。
【3】① 1 バイトは 8 ビットのこと，1 ワードは 2 バイトのことである。
　　　② 1 MB（メガバイト）は 1 000 KB，1 GB（ギガバイト）は 1 000 MB，1 TB（テラバイト）は 1 000 GB バイトのことである。
【4】① 91 E 5
　　　② 19（10 進法）＝13（16 進法）で，56（10 進法）＝38（16 進法）である。それぞれの 16 進数に 16 進数の 20 を加算すると 13＋20＝33，38＋20＝58 となる。したがって JIS コードでは 3 3 5 8 となる。
【5】1 万字×35 ページ＝35 万字となり，1 文字が 2 バイトで表されるので，新聞 1 部の容量は 2 バイト×35 万＝70 万バイト＝0.7 MB である。したがってフロッピーディスクならば 1.44/0.7＝2.05 で 2 日分，CD ならば 640/0.7＝914 で 914 日分となる。
【6】ウ　640×480×1 バイト×36×60＝663.55 MB

3 章

【1】（a）central processing unit　（b）universal serial bus
　　（c）graphical user interface　（d）what you see is what you get
　　（e）small computer system interface
【2】（a）S　（b）P　（c）S　（d）P　（e）S
【3】（a）オ　（b）ア　（c）エ　（d）イ
【4】① （a）エ　（b）イ
　　② （c）ク　（d）オ　（e）ケ　（f）ア
　　③ （g）カ　（h）イ　（i）ウ　（j）キ
【5】ア　【6】ア

4 章

【1】8ビットでは$2^8=256$, 16ビットでは$2^{16}=65\,536$
【2】① $2^{14}+2^{10}+2^8+2^6+2^5+2^4+2^3+2^1+2^0$
　　　　$=16\,384+1\,024+256+64+32+16+8+2+1=17\,787$
　　② 4ビットずつ16進数の変換をすればよい。457 B
　　③ $4\times16^3+5\times16^2+7\times16^1+B\times16^0$
　　　　$=4\times4\,096+5\times256+7\times16+11\times1=17\,787$
【3】① $2^{-2}+2^{-4}=0.250\,0+0.062\,5=0.312\,5$
　　② $2^{-1}+2^{-3}+2^{-4}=0.500\,0+0.125\,0+0.062\,5=0.687\,5$
【4】① 0101 1010
　　② 37を2進数にすると0010 0101である。したがって，負数にするには反転して+1すればよい。1101 1011
【5】10進数の105は2進数では0110 1001であり，91は2進数で0101 1011であるから−91は2進数で1010 0101となる。したがって，105−91=0110 1001 + 1010 0101=1 0000 1110となり，0000 1110を10進数に変換すれば14となる。
【6】2進数では0101.001+0110.110=1011.111となり，10進数に変換すると11.875になる。
【7】4ビットであれば1111, 8ビットであれば1111 1111となる。すなわち全桁が1となる。
【8】ウ　【9】ア　【10】エ

5 章

【1】 (a) transistor-transistor logic　(b) integrated circuit
　　(c) large scale integration　(d) very large scale integration
　　(e) full adder

【2】① (a) 否定（NOT）　(b) 論理和（OR）　(c) 論理積（AND）
　　② 回路は**解図 1** 参照。論理関数は $f = a \cdot \bar{b} + \bar{a} \cdot b$ となる。

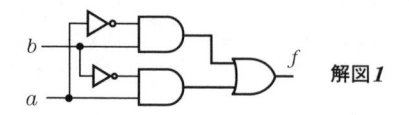

解図 1

【3】**解図 2**，**解図 3** 参照。

解図 2　NOR 回路　　　　**解図 3**　NAND 回路

【4】図 5.9 参照。

【5】**解図 4** 参照。

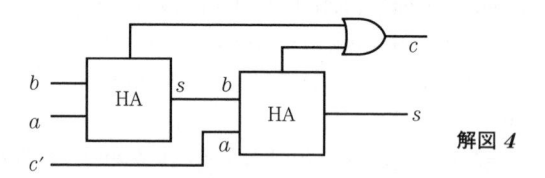

解図 4

【6】右端の桁 x_0 がキャリー C に入るので，0011 1000 となる。すなわち，最初の 2 進数は 10 進数では 112，右シフトすると 56 となる。したがって 1/2 になる。

【7】**解図 5** 参照。

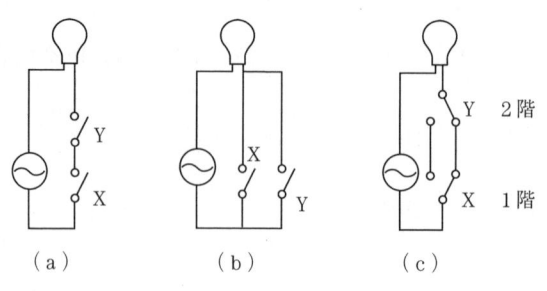

(a)　　　　(b)　　　　(c)

解図 5

【8】 $f = \overline{a \cdot b} \oplus (a+b) = a \cdot b + \bar{a} \cdot \bar{b}$
真理値表は以下のようになる。

a	b	f
0	0	1
0	1	0
1	0	0
1	1	1

【9】 $x=0$ のとき $f=b$, $x=1$ のとき $f=a$ となる。

【10】 $(x,y)=(i,j)$ のときの f を $f(i,j)$ と書くと真理値表は以下のようになる。

a	b	$f(0,0)$	$f(0,1)$	$f(1,0)$	$f(1,1)$
0	0	0	0	1	1
0	1	1	1	1	1
1	0	1	1	0	1
1	1	0	1	0	1

6 章

【1】 （a） 演算部　（b） 制御部　（c） 算術論理演算装置（ALU）
　　 （d） 浮動小数点実行　（e） バスインタフェース
　　 （f） コントロールユニット

【2】 ① プログラムカウンタ　② 命令レジスタ　③ インデックスレジスタ
　　 ④ フラグレジスタ　⑤ アキュムレータ

【3】 （a） キャッシュメモリ　（b） SRAM

【4】 （a） バス　（b） データバス　（c） アドレスバス
　　 （d） 制御バス

【5】 パイプライン方式 という。　① 命令を呼び出す命令フェッチ　② その命令について解読するデコード　③ オペランドを読み込むオペランドフェッチ　④ 命令の実行　⑤ 処理結果のレジスタへの書き戻し

【6】 ウ　【7】 エ　【8】 イ　【9】 ウ　【10】 ア

7 章

【1】 （a） floppy disk　（b） hard disk, high density　（c） compact disk　（d） digital versatile disk　（e） read only memory　（f） random access memory　（g） static RAM　（h） dynamic RAM

【2】 レジスタ　キャッシュメモリ　メインメモリ　ハードディスク

【3】 ハードディスク　メインメモリ　キャッシュメモリ　レジスタ
【4】 (a) キャッシュメモリ　(b) メインメモリ
【5】 エ
【6】 (a) トラック　(b) 磁気ヘッド　(c) シリンダ　(d) セクタ
　　　(e) 512　(f) クラスタ
【7】 ブルーレーザは波長が短く、ビームスポットの直径を非常に小さくできる。このためピットも小さくでき、その結果、面記録密度が大きくなるからである。
【8】 エ　【9】 ア
【10】 $1K \times 800 \times 23 \times 20 = 16 \times 23$ M$/1.024 = 368/1.024 = 360$ MB/ディスク

8 章

【1】 (a) ウ　(b) ア　(c) コ　(d) オ　(e) イ　(f) ク
　　　(g) エ　(h) ケ　(i) カ　(j) キ
【2】 (a) 0と1の並びだから意味が直感的に理解しにくいため。
　　　(b) 日常用いている自然言語に近いような言語。
【3】 (a) Fortran　(b) COBOL　(c) C　(d) Java
　　　(e) BASIC
【4】 (a) (イ) C0　(ロ) ADDA　(ハ) GR1　(ニ) JPL
　　　　　(ホ) GR3
　　　(b) 5回
【5】 (a) GR2は ②3, ④3, ⑥3
　　　　　GR3は ②不定, ④5, ⑥8
　　　(b) 加算結果がBに入り、ANSには5が入る。
【6】 (a) 小さい方
　　　(b) GR3の内容をステップ⑦まで保持しておきたいためである。
　　　(c) 以下のようにすればよい。

```
          SUBA   GR5, GR2   ………⑤
          ST     GR2, ANS   ………⑥
          JPL    P          ………⑦
          ST     GR3, ANS   ………⑧
  P       RET               ………⑨
```

演習問題の解答　　**195**

9 章

【1】（a）UNIX　（b）OS/2　（c）Linux　（d）TRON

【2】（a）ハードウェア資源とはCPU，メモリなどを，ソフトウェア資源とはOSやプログラムを指す。
（b）仮想的なコンピュータとは，ハードウェアの操作を抽象的な概念によって提供し，ハードウェアに関係なくあたかも高度な機能をもつ仮想のコンピュータのことである。

【3】（a）システム制御　⑤終了処理，⑥障害管理
（b）実行管理　①メモリ管理，④ジョブ管理，⑦割込み制御
（c）ファイル管理　②ディレクトリ制御
（d）入出力制御　③通信ネットワーク制御，⑧外部機器制御

【4】（a）bin　（b）csv　（c）exe　（d）jpg　（e）tmp　（f）txt

【5】必要なページがメインメモリにない場合は，不要なページをハードディスクに戻し，あらためて必要なプログラムをロードし実行する。

【6】ア（入出力はデバイスドライバによって機器を制御することで行われる。イはタスク管理，ウはメモリ管理，エはファイル管理についての記述である。）

【7】イ（ほかは内部割込み）

【8】ア（イはジョブ管理，ウは入出力制御，エはファイル管理である。）

10 章

【1】（a）World Wide Web　（b）uniform resource locator　（c）local area network　（d）wide area network　（e）Hyper Text Markup Language　（f）hyper text transfer protocol　（g）file transfer protocol　（h）Open Systems Interconnection

【2】インターネットは複数のコンピュータすなわちノードを経由して送信側から受信側に情報やデータが送られ，複数の経路で通信を確保できるようになっているからである。

【3】（a）HTML　（b）Mosaic　（c）Netscape Navigator　（d）Internet Explorer

【4】ディレクトリ型検索エンジンはサイトの種類が木構造になっていて，あらかじめ人間の手によって構築されたもので，質の高いウェブサイトの検索が可能であるが，登録されるサイト数はあまり多くないという欠点がある。
ロボット型検索エンジンはウェブページ等を複数のキーワードや検索条件

を組み合わせて全文検索するシステムで，多数の情報を効率よく収集することができるが，価値の低いページまでデータベースに登録してしまうおそれがある。）

【5】 ① LAN　② WAN　③ インターネット　④ ARPANET
　　　⑤ NSFNET　⑥ JUNET　⑦ WIDE

【6】 ア（イはファイルの転送機能を提供するプロトコル，ウはおもにダイアルアップ接続に用いられるプロトコル，エは電子メールを送るためのプロトコルである。）

【7】 エ

【8】 ウ（アは NAT，イは DHCP，エは DNS のことである。）

【9】 ウ（32 ビットである。なお IPv6 は 128 ビットである。）

【10】 イ（アはデータフレーム衝突を回避するために送信タイミングを制御する方式，ウはトークンパッシング方式のバス型 LAN，エはトークンパッシング方式のリング型 LAN のことである。）

索引

【あ】

アイコン　51
アウトラインフォント　30
アキュムレータ　94
アセンブラ　123
アセンブリ言語　122
アドウェア　185
アドレスバス　101
アプリケーション
　プログラム　147
アボート　153

【い】

イーサネット　169
陰極線管ディスプレイ　52
インターネット　171
インタフェース　49
インタプリタ　161
インデックスレジスタ　96
イントラネット　172

【う】

ウェブブラウザ　173
打切り誤差　68

【え】

液晶ディスプレイ　52
エクセス 64　59
エッジトリガフリップ
　フロップ　84
演算部　94

【お】

欧州電子計算機工業会　18
応答時間　47
オーバフロー　69
オブジェクト指向言語　136
オペレーティング
　システム　148

【か】

カウンタ　86
拡張子　157
加算　64
仮数　59
仮想メモリ　155
関数型言語　135

【き】

機械語　122
疑似命令　130
基数　59
基底アドレス　127
キャッシュメモリ　98

【く】

区点コード　27
組合せ回路　79
クラスタリング　45
グリッドコンピュー
　ティング　14
クロック　93
クロック周波数　16
クロック信号　93

【け】

桁落ち誤差　68
減算　65

【こ】

広域ネットワーク　167
高水準言語　135
構内ネットワーク　167
国際電気通信連合　18
国際標準化機構　18
コールドスタンバイ　45
コンパイラ　160
コンパクトフラッシュ　109
コンピュータウイルス　185

【さ】

サウスブリッジ　44
算術論理演算装置　43, 94

【し】

指数　59
システムプログラム　147
実効アドレス　127
実メモリ　155
シフト JIS コード　26
シフトレジスタ　88
時分割　169
シャノン　21
ジャンクメール　185
集積回路　73
16 進数　55
巡回冗長チェック　33
乗算　67

【し】

情報落ち誤差	68
情報量	21
除算	67
書籍JANコード	34
ジョブ	151
ジョブスケジューラ	151
シリアルインタフェース	49
シリンダ	111

【す】

スター型	168
ストライピング	118
スパイウェア	185
スーパコンピュータ	10
スパム	185
スプーリング	119
スマートメディア	109
スループット	47

【せ】

制御装置	95
制御バス	101
制御文字	24
静的RAM	106
セクタ	111
セグメント	154
絶対アドレス	127
全加算器	77
1000 BASE-TX	168

【そ】

相対アドレス	127
ソフトウェア	121

【た】

ダイ	93
タイムシェアリングシステム	10
第4世代言語	139
タスク	151
ターンアラウンドタイム	47

【ち】

地球シミュレータ	12
チップセット	44
中央処理装置	7, 15, 92
チューリング	3

【て】

ディスク・アット・ワンス	115
ディスクキャッシュ	117
ディスパッチャ	151
ディレクトリ	156
ディレクトリ型検索エンジン	174
デコーダ	79
データセレクタ	80
データバス	101
手続き型言語	135
デマルチプレクサ	81
デュアルシステム	45
デュプレックスシステム	45
電界放出ディスプレイ	53
電子メール	182
電子メールソフト	184
添付ファイル	184

【と】

同軸ケーブル	166
動的RAM	107
トークンパッシング	170
トラック	111
トラック・アット・ワンス	115
トラックピッチ	115
トラップ	153
トランザクション	13
トランジスタ	70
トロン	146

【に】

2進化10進符号	57

2進数	55
日本工業標準調査会	18
ニモニックコード	123

【の】

ノイマン	4
ノースブリッジ	44

【は】

排他的論理和	73
バイト	21
パイプライン	99
バイポーラトランジスタ	71
パケット交換伝送方式	166
パケットライト	116
バス	101
パーソナルコンピュータ	13
バッチ処理	9
ハードディスク	111
ハブ	168
ハミングコードチェック	33
パラレルインタフェース	49
パリティチェック	32
バルクメール	185
半加算器	77

【ひ】

光磁気ディスク	117
光ファイバケーブル	166
ビット	21
ピット	114
ビット記録密度	112
ビットフォント	30
否定	73
100 BASE-T	168
表面伝導形電子放出素子ディスプレイ	53

【ふ】

ファイアウォール	187
ファイルシステム	156

索　引　**199**

ファームウェア	121	
フェールセーフ	46	
フェールソフト	46	
フォルダ	156	
フォールト	153	
フォールトトレラント	46	
フォールバック	46	
復号器	79	
符号器	79	
負　数	62	
浮動小数点	59	
フラグレジスタ	94	
フラッシュメモリ	109	
プラッタ	111	
ブリッジ	169	
フリップフロップ	81	
フルカラー	29	
フールプルーフ	46	
プログラマブル ROM	105	
プログラミング言語	121	
プログラム	121	
プログラムカウンタ	95	
プロセス	151	
フロッピーディスク	112	

【へ】

ペアケーブル	166
米国国家規格協会	18
米国電気電子学会	18
米国電子工業会	18
ページ	154
ベースレジスタ	95
ベンチマークテスト	17

【ほ】

ポインティングデバイス	51
補　数	62
ホットスタンバイ	46
ホームページ	173

【ま】

マイクロコンピュータ	14
マイクロプロセッサ	14
マークアップ言語	138
マクロ命令	130
マスク ROM	105
マスタスレーブフリップフロップ	84
マルウェア	184
マルチタスク	151
マルチプレクサ	80
マルチプログラミング	151
マルチメディアカード	110
丸め誤差	68

【み】

ミラーリング	46

【め】

命令レジスタ	95
メインフレーム	12
メモリアドレスレジスタ	95
メモリスティック	110
メモリデータレジスタ	94
メーラ	184
面記録密度	112

【ゆ】

ユニコード	28

【ら】

ラッチ回路	82
ランド	114

【り】

リピータ	169
量子コンピュータ	14
リング型	168

【る】

ルータ	169

【れ】

例　外	152
レイテンシ	119
レスポンスタイム	47

【ろ】

ロボット型検索エンジン	175
論理回路	73
論理型言語	135
論理積	73
論理和	73

【わ】

ワークステーション	13
ワード	21
割込み	152

【A】

Ada	138
ADSL	170
ALGOL	136
AND	73
ARPANET	164
ASCII コード	23
ATA	109
ATAPI	109

【B】

BASIC	137
BCD	57
bit	21
Blue Gene/L	12

Byte	21	FDDI	169	LPTポート	49
【C】		FeRAM	107	LSI	7, 73
		FLOPS	17	**【M】**	
C	137	FORTRAN	136		
CASL II	130	FTP	180	Mac OS	144
CAV	115	FTTH	171	MIPS値	17
CD	114	**【G】**		MO	117
CD-R	114			MOS FET	72
CD-RW	114	GIF	37	MPEG	37
Centronics	49	Gopher	180	MRAM	107
CISC	47	GUI	51	MS-DOS	144
CLV	115	**【H】**		MS-Windows	144
CMOS	72			MVS	144
COBOL	136	HTML	138, 165	**【N】**	
COMET II	129	HTTP	179		
CP/M	145	**【I】**		NAND	73
CPU	40			NIC	177
CSMA/CD	170	IAB	187	NOR	73
C#	138	IC	7	NOT	73
C++	137	IEEE形式	59	NSFNET	165
【D】		IEEE 1394	49	**【O】**	
		IETF	187		
DMA	45	IPL	113	OR	73
DNAコンピュータ	14	ISBN	34	OS/2	144
DOS-V	144	ISOC	187	OS/360	144
DVD	116	**【J】**		OSI参照モデル	181
Dフリップフロップ	86			**【P】**	
【E】		JANコード	33		
		Java	138	Pascal	137
EAN	34	JISコード	23	PDP	52
EDSAC	4	JKフリップフロップ	85	POP 3サーバ	183
EDVAC	4	JPEG	37	PostScript	30
EEPROM	106	JPNIC	177	Prolog	137
ELディスプレイ	53	JPRS	178	PROM	105
ENIAC	4	JUNET	165	PS/2	49
EPROM	106	**【L】**		**【Q】**	
EUCコード	27				
【F】		LAN	167	QRコード	35
		LINPACKベンチマーク	17	QWERTY	40
FAT	158	Linux	145		
FD	112	LISP	136		

【R】

RAID	118
RAID-0	118
RAID-1	118
RAID-3	118
RAID-5	118
RAMディスク	117
RISC	47
ROM	105
RSTフリップフロップ	84
RSフリップフロップ	82
RS-232C	49

【S】

SCSI	49
SDメモリカード	110
SMTPサーバ	183
SRAM	106
SXGA	41

【T】

TCP/IP	165, 176
Telnet	180
TIFF	37
TPS	47
TrueType	30
TSS	10
TTL	71
Tフリップフロップ	86

【U】

ULSI	7
UNIX	145
UPC	34
URL	174, 179
USB	49
UXGA	41

【V】

VGA	41
VLSI	7, 73
VTOC	158

【W】

WAN	167
WIDE	165
WUXGA	41
WWW	173
WYSIWYG	41

【X】

XGA	41
XOR	73

【Z】

Z80	123

――― 著者略歴 ―――
1960年　東京大学工学部応用物理学科卒業
1965年　東京大学大学院博士課程修了（応用物理学専攻）
　　　　工学博士
1965年　大阪大学講師
1967年　大阪大学助教授
1976年　東京工業大学助教授
1980年　東京工業大学教授
1997年　東京理科大学教授
　　　　東京工業大学名誉教授
2001年　武蔵工業大学（現東京都市大学）教授
2009年　武蔵工業大学名誉教授
2017年　逝　去

コンピュータシステム
Computer System　　　　　　　　　　　　　　　　© Masamichi Shimura 2005

2005年11月17日　初版第1刷発行
2017年11月25日　初版第12刷発行

検印省略	著　者　　志　村　正　道

発行者　　株式会社　コロナ社
代表者　　牛来真也
印刷所　　萩原印刷株式会社
製本所　　有限会社　愛千製本所

112-0011　東京都文京区千石4-46-10
発行所　株式会社　コロナ社
CORONA PUBLISHING CO., LTD.
Tokyo Japan
振替00140-8-14844・電話(03)3941-3131(代)
ホームページ　http://www.coronasha.co.jp

ISBN 978-4-339-02411-1　C3055　Printed in Japan　　　　　　　(高橋)

〈出版者著作権管理機構　委託出版物〉
本書の無断複製は著作権法上での例外を除き禁じられています。複製される場合は，そのつど事前に，出版者著作権管理機構（電話 03-3513-6969，FAX 03-3513-6979，e-mail: info@jcopy.or.jp）の許諾を得てください。

本書のコピー，スキャン，デジタル化等の無断複製・転載は著作権法上での例外を除き禁じられています。購入者以外の第三者による本書の電子データ化および電子書籍化は，いかなる場合も認めていません。
落丁・乱丁はお取替えいたします。

電気・電子系教科書シリーズ

(各巻A5判)

■編集委員長　高橋　寛
■幹　　　事　湯田幸八
■編集委員　江間　敏・竹下鉄夫・多田泰芳
　　　　　　中澤達夫・西山明彦

配本順		書名	著者	頁	本体
1.	(16回)	電 気 基 礎	柴田尚志・皆藤新芳 共著	252	3000円
2.	(14回)	電 磁 気 学	多田泰芳・柴田尚志 共著	304	3600円
3.	(21回)	電 気 回 路 I	柴田 尚志 著	248	3000円
4.	(3回)	電 気 回 路 II	遠藤　勲・鈴木靖純・吉澤昌純 編共著	208	2600円
5.	(27回)	電気・電子計測工学	吉澤昌恵・降矢典雄・福田拓己・高和明・西山二郎 共著	222	2800円
6.	(8回)	制 御 工 学	下西平鎮正・奥山立幸 共著	216	2600円
7.	(18回)	ディジタル制御	青木俊次・西堀俊 共著	202	2500円
8.	(25回)	ロ ボ ッ ト 工 学	白水俊次 著	240	3000円
9.	(1回)	電子工学基礎	中澤達夫・藤原勝幸 共著	174	2200円
10.	(6回)	半 導 体 工 学	渡辺 英夫 著	160	2000円
11.	(15回)	電気・電子材料	中澤・澤田・森山・押田・服部 共著	208	2500円
12.	(13回)	電 子 回 路	須田健二・土田英一 共著	238	2800円
13.	(2回)	ディジタル回路	伊原充博・若海弘夫・吉室 純 共著	240	2800円
14.	(11回)	情報リテラシー入門	山下 賀 巌 共著	176	2200円
15.	(19回)	C++プログラミング入門	湯田 幸八 著	256	2800円
16.	(22回)	マイクロコンピュータ制御プログラミング入門	柚賀正光・千代谷 慶 共著	244	3000円
17.	(17回)	計算機システム（改訂版）	春日・舘泉 雄・健治 共著	240	2800円
18.	(10回)	アルゴリズムとデータ構造	湯田幸八・伊原充博 共著	252	3000円
19.	(7回)	電気機器工学	前田・新谷・江間 邦弘・敏 共著	222	2700円
20.	(9回)	パワーエレクトロニクス	江間　敏・高橋　勲 共著	202	2500円
21.	(28回)	電 力 工 学（改訂版）	江間　敏・甲斐隆章 共著	296	3000円
22.	(5回)	情 報 理 論	三木 成彦・吉川 英機 共著	216	2600円
23.	(26回)	通 信 工 学	竹下鉄夫・吉川英機 共著	198	2500円
24.	(24回)	電 波 工 学	松宮 豊・南部 稔・岡田 克史 共著	238	2800円
25.	(23回)	情報通信システム（改訂版）	岡田・桑原・植月 裕史 共著	206	2500円
26.	(20回)	高 電 圧 工 学	植松唯孝・松原孝史 共著	216	2800円

定価は本体価格＋税です。
定価は変更されることがありますのでご了承下さい。

図書目録進呈◆

大学講義シリーズ

（各巻A5判，欠番は品切です）

配本順		著者	頁	本体
（2回）	通信網・交換工学	雁部顗一著	274	3000円
（3回）	伝　送　回　路	古賀利郎著	216	2500円
（4回）	基礎システム理論	古田・佐野共著	206	2500円
（7回）	音響振動工学	西山静男他著	270	2600円
（10回）	基礎電子物性工学	川辺和夫他著	264	2500円
（11回）	電　磁　気　学	岡本允夫著	384	3800円
（12回）	高　電　圧　工　学	升谷・中田共著	192	2200円
（14回）	電波伝送工学	安達・米山共著	304	3200円
（15回）	数　値　解　析（1）	有本　卓著	234	2800円
（16回）	電子工学概論	奥田孝美著	224	2700円
（17回）	基礎電気回路（1）	羽鳥孝三著	216	2500円
（18回）	電力伝送工学	木下仁志他著	318	3400円
（19回）	基礎電気回路（2）	羽鳥孝三著	292	3000円
（20回）	基　礎　電　子　回　路	原田耕介他著	260	2700円
（22回）	原子工学概論	都甲・岡共著	168	2200円
（23回）	基礎ディジタル制御	美多　勉他著	216	2400円
（24回）	新電磁気計測	大照　完他著	210	2500円
（26回）	電子デバイス工学	藤井忠邦著	274	3200円
（28回）	半導体デバイス工学	石原　宏著	264	2800円
（29回）	量子力学概論	権藤靖夫著	164	2000円
（30回）	光・量子エレクトロニクス	藤岡・小原齊藤共著	180	2200円
（31回）	ディジタル回路	高橋　寛他著	178	2300円
（32回）	改訂回路理論（1）	石井順也著	200	2500円
（33回）	改訂回路理論（2）	石井順也著	210	2700円
（34回）	制　御　工　学	森　泰親著	234	2800円
（35回）	新版 集積回路工学（1） ―プロセス・デバイス技術編―	永田・柳井共著	270	3200円
（36回）	新版 集積回路工学（2） ―回路技術編―	永田・柳井共著	300	3500円

以　下　続　刊

電気機器学	中西・正田・村上共著	電気・電子材料	水谷照吉他著
半導体物性工学	長谷川英機他著	情報システム理論	長谷川・高嶠・笠原共著
数値解析（2）	有本　卓著	現代システム理論	神山真一著

定価は本体価格＋税です。
定価は変更されることがありますのでご了承下さい。

図書目録進呈◆